重庆工商大学专著出版基金资助

喀斯特地区水资源安全评价、预测与调控研究

KASITE DIQU SHUIZIYUAN ANQUAN
PINGJIA、YUCE YU TIAOKONG YANJIU

刘丽颖 / 著

四川大学出版社
SICHUAN UNIVERSITY PRESS

项目策划：王　锋
责任编辑：王　锋
责任校对：唐　飞
封面设计：墨创文化
责任印制：王　炜

图书在版编目（CIP）数据

喀斯特地区水资源安全评价、预测与调控研究 ／ 刘
丽颖著． — 成都：四川大学出版社，2021.5
　　ISBN 978-7-5690-3464-6

　　Ⅰ．①喀… Ⅱ．①刘… Ⅲ．①喀斯特地区－水资源管
理－安全管理－研究－贵州省 Ⅳ．① TV213.4

　　中国版本图书馆 CIP 数据核字（2020）第 158769 号

书名　喀斯特地区水资源安全评价、预测与调控研究
　　　　KASITE DIQU SHUIZIYUAN ANQUAN PINGJIA、YUCE YU TIAOKONG YANJIU

著　　者	刘丽颖	
出　　版	四川大学出版社	
地　　址	成都市一环路南一段 24 号（610065）	
发　　行	四川大学出版社	
书　　号	ISBN 978-7-5690-3464-6	
印前制作	成都完美科技有限责任公司	
印　　刷	郫县犀浦印刷厂	
成品尺寸	170mm×240mm	
印　　张	8.5	
字　　数	173 千字	
版　　次	2021 年 5 月第 1 版	
印　　次	2021 年 5 月第 1 次印刷	
定　　价	36.00 元	

◆ 读者邮购本书，请与本社发行科联系。
　电话：(028)85408408/(028)85401670/
　(028)86408023　邮政编码：610065
◆ 本社图书如有印装质量问题，请寄回出版社调换。
◆ 网址：http://press.scu.edu.cn

四川大学出版社
微信公众号

前 言

水安全问题是国际上普遍关注的全球性问题。喀斯特地区是世界上主要的脆弱带之一,水资源安全不仅是喀斯特地区的生态安全问题,更是区域经济和社会问题,关系到喀斯特地区的环境治理和消除贫困,对区域的可持续发展有着重要影响。因此,开展喀斯特地区水资源安全的实证研究对研究区的经济、社会、生态和水资源的协调发展有着重要意义。

喀斯特地区特殊的地貌水文结构,导致水资源安全不仅包括数量、质量安全,还包括水土流失、取水困难、人畜饮水等安全问题。本书旨在对喀斯特地区水资源安全进行动态评价,阐明水资源安全的时空演变规律和胁迫机理,并进行仿真模拟,以期丰富人类活动和气候变化影响下喀斯特地区水资源安全的研究内容,为喀斯特地区水资源系统调控提供科学支撑。

在本书撰写过程中,得到了重庆工商大学专著出版基金,官冬杰教授、杨清伟教授、苏维词教授等专家的悉心指导,在此表示衷心感谢。感谢曾一笑、赵祖伦、杨振华、詹厚龙和王道仁等在写作中给予的帮助。本书的写作也得到了有关方面的大力支持,在此谨致谢意。

本书得到了重庆工商大学专著出版基金,重庆市自然科学基金面上项目(cstc2019jcyj-msxmX0760),重庆市教委自然科学技术计划(KJQN201800825),经济社会应用统计重庆市重点实验室开放基金项目(KFJJ2018068),以及重庆工商大学科研启动项目(1956008)基金的资助,在此表示衷心感谢。

本书是以作者的博士论文为基础构成,限于研究周期和写作时限,研究数据未能及时更新。由于作者研究水平有限,难免存在不尽如人意之处,恳切希望广大读者提出宝贵意见,以使其日臻完善。

作 者
2020 年 6 月

目　录

第 1 章　研究综述

　　水安全问题是国际上普遍关注的全球性问题。水资源安全是资源安全的重要组成部分，是关系到国家安全、人类安全的重要内容。随着气候的变化和人类活动的驱动，水资源系统正面临着更多的复杂性和不确定性，水灾害、水环境、水生态问题更加严峻，导致了一系列水安全问题。全球气候变化和水循环的改变，降水不均和持续干旱等极端天气事件的频率和强度增加，给水资源系统带来很大的影响和压力（Ramesh & Teegavarapu, 2010；张利平等，2008）。变化的环境下，水资源安全问题已成为人类可持续发展面临的新的重大挑战（夏军 & 石卫，2016）。

　　喀斯特地区是世界上的主要脆弱带之一。水资源安全不仅是喀斯特地区的生态安全问题，更是区域经济和社会问题，关系到喀斯特地区的环境治理和贫困消除，对区域的可持续发展有着重要影响。而人类活动过程中存在着不合理的资源开发和过度干扰，导致生态平衡容易遭到破坏且不易恢复（Wang et al, 2004；王世杰 & 李阳兵，2007）。喀斯特地区水资源问题严峻，水污染加剧、水资源短缺和水资源供需矛盾尖锐等问题日益突显。喀斯特地区生态系统极为脆弱，自身的抗干扰能力和恢复能力较弱，因而对气候变化更为敏感（侯文娟等，2016）。气候的变化将直接或间接影响地下水的质量（Mcgill et al, 2019），降水、气温、气压的改变与喀斯特地貌发育有着密切关系（李汇文等，2019）。近年来，中国西南喀斯特地区降水的年际与年内变化增大，变差系数也显著增大，进而增加了极端气候事件的发生概率，工程性缺水更是给脆弱的喀斯特地区造成较大压力。因此，开展喀斯特地区水资源安全的实证研究对研究区经济、社会、生态和水资源的协调发展尤为重要。

1.1　水资源安全研究进展

1.1.1　水资源安全的内涵

　　"水安全"一词最早出现在 2000 年斯德哥尔摩举行的水讨论会上，会议的宣言是"21 世纪水安全"。会议指出，水资源不仅是资源、生态和经济问题，也是社会、政治和军事问题，用创新和革命的方法寻求 21 世纪水安全是水资源管理的方向之一。

目前，国内外关于水安全和水资源安全没有公认的、系统的、有影响力的定义。这是由于水资源安全本身的复杂性，以及不同的学者对水资源安全研究目的和要求不同，诠释的角度就有所不同。其研究内容丰富，涉及因素繁杂，已有的研究角度不同、认识理解也各不相同，定义也有所不同。国际上比较有代表性的定义如表 1.1 所示。

表 1.1 国外对水资源安全定义的研究

时间	相关组织或学者	具体内容或定义
1999	Witter，Whiteford	从人类需求的研究框架出发，强调水资源的供给内涵，认为水安全可以被视为一个"状态"，有必要的质量和充足数量的水，以适合的价格满足人们当下和未来的需求，保障健康、安全、福利和生产的能力（家庭、社区、街道或国家）的状态（Witter & Whiteford，1999）
2000	全球水伙伴（Global Water Partnership）	从可持续发展的研究角度出发，将水资源安全定义为"从家庭单位到全世界范围，所有人都能够以适宜的价格得到足够安全的水，有着洁净、健康和舒适的生活，并使生态环境得到保护和促进"（Partnership GW，2000）
2000	荷兰海牙：第二届世界水资源论坛	会议指出人类面对的水安全的问题主要有：通过可持续管理确保生态环境和谐；满足人类对水的基本需求；保证食品生产安全；在全球开展分享水资源的合作，使人类不受洪涝和干旱等灾害的侵袭；依据水的质量和服务制定价格；水资源管理的科学方式（吴季松，2000）
2007	David Grey，Claudia W. Sadoff	将经济社会发展和水资源管理纳入考虑范畴，将水资源安全定义为：为人类的健康、生存、生态以及生产提供可以接受的数量和质量的水的能力，同时与水有关的风险控制在人类、环境和经济可接受水平内。其认为，没有水资源的安全就难以实现可持续发展。水资源安全是人类生存和幸福关注的结合，是保护水资源的生产力，最大限度地减少其破坏力。水资源安全也意味着解决环境保护和管理不善的负面影响，整合了金融、规划、农业、能源、旅游、工业、教育和健康等对水资源和水资源管理的所有部门的碎片化的责任。水资源安全能够减少贫困，提高教育水平，提高生活水平（David，2007）

续表

时间	相关组织或学者	具体内容或定义
2009	联合国教科文组织（UNESCO）	能够提供人类生存和发展所需的水资源质量和数量的保障，能够保障流域的可持续发展以及社会与生态环境健康，并能够保障人类生活不受水灾害的影响（United Nations Environment Program，2009）
2013	联合国水资源组织（United Nations Water Resources Organization）	一个地区可持续获得足够数量和合格质量的水保障能力，保证人类生存、福祉和经济发展免受水污染与水有关的灾害，保持和平与政治稳定的生态系统。人们可以获得充足和负担得起的水，以满足基本饮用需要，卫生，维护健康与幸福，并且生态系统得到保护（United Nations Water，2013）
2013	Lankford	认为水资源安全可以看作是可持续发展思想的延伸，着眼于社会和生态需求中的水资源数量和质量的供应。水资源不安全被看成是管理上的一种"急性方式"（Lankford，2013）
2013	Bakker，Morinville	提出水安全，强调水资源保护的首要性，以及必要的阈值和风险水平，规划中的社会权力和不确定性问题（Bakker，2012）
2013	Falkenmark	强调水资源安全概念的进一步发展中范式变革的重要性，要充分重视水在自然和社会经济系统中的基础性作用（Malin，2013）

　　国际上对水资源安全的定义主要是从资源安全的角度出发，着重于水的自然属性，从某种意义上说水安全即是水资源安全。国内也有许多不同的学者对水资源安全阐述了各自的见解，见表1.2。

表 1.2　国内学者对水资源安全定义的研究

时间	相关组织或学者	具体内容或定义
1998	栾胜基、洪阳	从水危机角度出发，将水安全定义为："开采量不能超过水资源的可持续供应量，即以不破坏水环境的生态平衡为约束，水质不应随时间下降。系统安全性的界定应建立在科学的水文、水土、气象、环境污染监测与流域综合分析的基础上，以流域为单元核定，建立流域安全用水指标。"（栾胜基、洪阳，1998）

续表

时间	相关组织或学者	具体内容或定义
2002	夏军	把生态用水作为水资源安全利用的前提，认为水资源安全通常指水资源（量与质）供需矛盾产生的对社会经济发展、人类生存环境的危害问题（夏军，2002）
2002	贾绍凤	水资源安全立足于淡水安全，即以能承担的成本满足社会生活和生态所需的安全的水。其本质是水资源供给能否满足合理的水资源需求，包含社会安全、经济安全和生态安全等（贾绍凤等，2002）
2003	韩宇平、阮本清	着眼于现在和将来，认为水安全问题通常指相对人类社会生存环境和经济发展过程中发生的与水有关的危害问题，如干旱、洪涝、水量短缺、水质污染、水环境破坏等，并由此给人类社会造成损害，如人类财产损失、人口死亡、健康状况恶化、粮食减产、经济下滑、社会不稳、地区冲突、生存环境压迫等（韩宇平、阮本清，2003）
2008	畅明琦	认为水资源安全是人类的生存与发展不存在水资源问题的危险和威胁的状态。水资源安全包括广义的水资源安全，即主体（国家、地区和"人"）安全；以及狭义的水资源安全，即水资源（系统）安全（畅明琦、刘俊萍，2008）
2012	代稳	水资源安全是水资源管理的核心内容与终极目标，水资源安全的内涵应包括水量安全、水质安全和供水系统应急保障能力三个方面。定义为"一个国家或区域，在某一具体历史发展阶段下，以可以预见的技术、经济和社会发展水平为依据，以可持续发展为原则，以维护生态环境良性循环为条件，水资源能够满足国民经济和社会可持续发展的需要，水资源的供需达到平衡"（代稳等，2012）
2016	夏军	在变化环境下对水安全问题做了进一步阐述：水安全意味着水资源的量与质以及人类活动，对人类社会的稳定与发展有保障，或者说存在某种程度的威胁，但是可以将其后果控制在人们可以承受的范围之内（夏军、石卫，2016）

由此可见，不同的学者结合各自的知识背景，从不同的角度（例如，人类需求、可持续发展、整体、供给和需求之间的关系等）展开研究，得到不同的解释和定义，有狭义的、广义的、综合的。就其本质来讲，水资源安全是指一个国家或者区域的水资源，在一定的历史阶段下，能够满足社会与经济发展对水的5个层次（饮水保障、防洪安全、粮食供给、经济发展和生态环境）上的需求。这里强调了保障的概念，即水资源安全主要是指在保持生态环境良性循环的前提下，

水资源对经济发展和人民生活的保障程度，保障程度越高就越安全；同时也包含了水资源安全的可包容性、可控制性和可预测性。

1.1.2　水资源安全的特点

通过对国内外水资源安全定义的分析，尽管不同学者研究的角度不同，给出的定义也各有不同，但是概括来看，水资源安全涉及人口、资源、社会、经济、文化、科技、制度、生态、环境等方面的问题，具有以下特点：

（1）整体性。水资源安全系统是一个复杂系统，社会经济和生态环境存在差异，对水资源安全的需求程度也有所不同。它是不同的人口、社会、环境、经济协调发展的不同组合。任何一个局部的水环境破坏都可能引发全局的生态环境破坏，甚至危及国家和全民的生存条件。

（2）动态性。水资源安全会随着影响要素的发展变化而在不同时期表现出不同的状态。水资源安全表征的是一种状态，不是一成不变的，是不断变化的政治、经济、人口和气候的复杂驱动过程。它随着人类发展方式等外界的变化，以及水资源安全驱动因子及其安全状况而发生变化。因此，控制好各个环节使其向良性方向发展是保证水资源安全的关键。

（3）区域性。由于水资源安全研究区域、环境特点、主要生态系统、敏感因子、社会经济发展状况等是不同的，造成水资源安全的表现形式、研究重点也会有所不同。驱动水资源安全的因素有很多，影响程度也不尽相同，不同的区域背景和影响因素的影响程度也会有所不同。因此，水资源安全不能泛泛而谈，而是应该依据不同区域进行研究。

（4）可调控性。从某种意义上理解，保障水资源安全是在人为干预下管理和调控水资源供需平衡的过程。过程中首先要发现不安全因素、不安全领域和不安全方面，通过对水资源系统中各影响因素的调节和控制，使水资源安全状态发生改变。水资源安全调控和响应的过程涉及水资源安全态势评估、动态监测、资源开发和利用等，是一个极其复杂的过程。

（5）战略性。水资源安全是关系国计民生的大事，具有重要的战略意义。只有保证水资源安全，才能实现经济可持续发展，社会稳定和进步，人民安居乐业。随着全球性资源危机的加剧，国家安全观念发生重大变化，水资源安全已成为国家安全的一个重要内容，与国防安全、经济安全、金融安全有同等重要的战略地位。

1.1.3　喀斯特地区水资源安全的特点

1.1.3.1　喀斯特地区水资源系统的特征

喀斯特地区是一个特殊的地理单元，在自然因素和人为因素影响下有着独特的发展演变行为。喀斯特地区水资源复合系统除具备系统普遍性以外，还有其独特的性质：①系统的脆弱性。喀斯特地区生态环境对外界敏感性强，在外界的胁迫下不易恢复。②系统的不稳定性。喀斯特地区特殊的地理和地质环境以及气候特点决定了其自然灾害和极端气候事件发生的频率和强度较其他地区整体偏大。③水利工程驱动影响显著。喀斯特地区一直饱受工程性缺水问题困扰，水利工程的调水、蓄水能力对地区水资源安全影响较大。

1.1.3.2　喀斯特地区水资源安全的特点分析

喀斯特地区水资源安全是将喀斯特地区水资源系统作为研究对象。喀斯特地区水资源安全的研究需要考虑人类行为的主导作用，特别是水利工程对水资源的调节、补充和增强作用，还应该考虑喀斯特地区的环境脆弱性影响。地区整体的安全取决于系统的结构，而结构决定了功能。因此，水资源系统的划分对水资源安全的研究至关重要。

喀斯特地区水资源安全分析可以从水质、水量状况、水利工程驱动，以及受威胁时的状态和水资源承载能力这几个方面进行。各个子系统所具有的安全属性分别称为水质子系统安全、水量子系统安全、工程性缺水子系统安全、水资源脆弱性子系统安全和水资源承载力子系统安全。

各子系统间在不同层次的系统要素的相互作用下保持功能的稳定性，强调的是系统的整体安全性。水质和水量是对喀斯特地区水资源安全健康水平的保证，两者之间也存在着一定的耦合作用。水资源量的变化会引起水质的变化；水质的变化也会造成水量的不稳定，即功能性缺水问题。水资源的脆弱性体现了喀斯特地区水资源系统承受外来风险的能力，包括气候变化、人类活动等。从区域尺度研究喀斯特地区水资源系统安全性，更应该凸显其地域属性。对于喀斯特地区的水资源安全问题，水利工程的驱动机制明显，这是研究中不可忽略的重要因素。

1.1.4　水资源安全的度量

水资源安全的度量是研究水资源安全问题的关键之一。度量角度体现的是不同学者对水资源安全关心的侧重点的差异性，其代表性的研究成果见表1.3。

表 1.3　水资源安全度量的角度

度量角度	研究特点
水资源压力指数	用人均水资源量（水资源压力指数 IWS）度量区域水资源稀缺程度。水资源压力的临界条件为：当 $IWS<1700 \ m^3/a$ 时，有水资源压力；当 $IWS<1000 \ m^3/a$ 时，出现慢性水资源短缺；当 $IWS<500 \ m^3/a$ 时，为水资源极度紧缺。水资源压力指数简单、易于使用、数据容易获得，可以较粗略地反映一个国家或地区的水资源安全程度（杨江州等，2017；Falkenmark，Widstrand，1992）
水稀缺指数	水稀缺指数是用水资源开发利用程度这一指标来衡量，即取用的淡水资源量占可获得的淡水资源总量的百分比，根据水资源开发利用程度的不同阈值划分表示水资源压力的大小（Raskin et al，1997）
水供求关系	在一定区域范围内就水资源的供与求，以及它们之间的富余与稀缺关系开展研究（秦剑，2015）
水资源承载力	是自然体系调节能力的客观反映。人类对周围水环境造成的影响未超过水资源系统本身的调节能力，环境能够维持社会经济的生存与可持续发展的需求，这种状态就处于水资源承载力的范围之内（王建华等，2016）
水贫困指数	水贫困指数由资源、途径、利用、能力和环境 5 个分指数构成，每个分指数在 0~100 之间取值，指数越大表示状态越好（Sullivan，2002；邵骏等，2016）
水资源安全阈值	建立水资源安全阈值分析的尖点突变模型，通过分析该模型的状态变量（水资源安全度）、主控制变量（人均水资源量）和次控制变量（水价与需水量耦合），并利用突变判别式得出区域水资源满足行业供需保证率的水资源安全阈值下限（张玉山等，2013）
开发利用合理性	从水资源开发的规模强度、水资源系统的结构、水资源工程布局、开发效率和利用效益几个方面展开水资源开发利用合理性的评价（周璞等，2014）
可再生能力	强调水资源的自然属性，指某一流域或区域的水资源通过天然作用或人工经营能为人类重复利用的一种能力（崔东文等，2015）
脆弱性	用于表征系统受到外部威胁时易损的程度及适应或恢复的能力，综合考虑水资源系统内部特性和外部风险因素，分析系统对风险的应对能力问题（夏军等，2015）
可持续利用	既达到满足人类需求的目标，又不破坏长期水资源承载力、环境质量和社会安全。其核心是协调环境与发展之间的关系（韩美等，2015）

度量角度	研究特点
用水现状效率	分析用水水平及总体用水效率、不同用水户的用水效率和节水水平（汤进华等，2011）
水危机	从反面入手，表征水资源系统存在的潜在风险和受到威胁的胁迫程度。一般多是从水量和水质两个方面，选择指标构成水安全度评价指标体系，对水危机现状进行分析（Sisto et al，2016）
水生态承载力	水生态承载力包含水资源承载力、水环境承载力两个方面，即复合承载力（左太安等，2014）

水资源安全与可持续发展、承载力等在内涵和外延上有一定的交叉与联系，但不能将其等同于水资源安全。水资源安全与水资源承载力紧密联系，在水资源承载力范围内，水资源系统是健康的、开发合理的、供求平衡的，是度量安全的一种阈值。水稀缺、水贫乏、脆弱性和水危机是从反面入手，表征水资源系统存在的潜在风险和受到威胁的胁迫程度。不能认为没有水稀缺或者水危机的水资源系统就是安全的，还应该考虑系统所处的健康状态、系统所提供的服务以及未来的持续性。反过来，安全的系统一定不存在任何风险和危机。由此推理，水资源安全也是水稀缺、水危机以及脆弱性的充分而非必要条件。

水资源安全的度量要建立在水资源安全的内涵基础上。由此，喀斯特地区水资源安全的度量要突出水资源保护目标（水资源质量与数量的度量）、区域特征（工程性缺水的度量）、水资源安全影响因素（脆弱性的度量）以及提供服务的能力（承载力的度量）。

1.1.5 研究动态

国际上有关水资源安全（water security）理论研究的单项研究成果较为少见，按照研究领域不同，国外对水资源安全的研究主要分为三个方面。

一是把水资源安全作为国家安全战略的重要组成部分。水资源与社会政治紧密相连，水资源安全往往是导致诸如饥荒、移民、流行病、不平等和政治不稳定等风险的关键因素。Molden（2008）对撒哈拉以南的非洲地区水资源安全与粮食安全综合评价结果指出，水资源安全是确保粮食安全和改善非洲生计的关键问题。Wolf 等（2002）分析了促发水资源冲突的主要原因。日益严重的缺水问题，水质的下降，人口的迅速增长，各国家或地区单方面开发水资源，以及不平衡的经济发展水平是共同河流沿岸之间潜在的破坏性因素。这些因素结合在一起，就可能促发水资源冲突。Beck 和 Walker（2013）从水安全定义出发，研究了水安全在可持续发展中的作用，以及水、食物、能源和气候之间的相互作用。这一方面研究的出发点主要集中在对水资源供应风险的防范上，注重国家政策方面实现水资源供应中风险因素的应对和化解，立足于保障国家安全和国家利益。

二是将水资源安全的内涵与水资源承载力或水资源可持续发展的概念相联系，多为水资源管理的经济手段和管理措施研究。美国 URS 公司构建水资源承载力模型，对 Keys 流域生态环境和社会经济系统加以评价和模拟，剖析了人类活动对环境承载能力的影响（Peterson，2001）。Falkenmark 等人（1998）借助数学模型定量计算了一些国家水资源的承载极限。Rijsberman 和 Fhmvd Ven（2000）在城市水资源评价和管理体系的研究中，根据水资源承载力的大小来衡量一个区域的水资源是否安全，即区域的水资源安全要能够保证该区域人类、经济、生态、社会和环境等层面对水资源的需求。

三是从经济的波动和水文气候变化的影响出发加以研究。Brown 和 Lall（2006）基于降水的季节性和年际变化在国家的经济发展中是一个重要的和可测量的因素这一假设，对全球数据集的分析发现，降水量变化幅度与人均 GDP 存在显著的关系，从而构建了一个水资源开发指数。分析结果认为，水利工程建设可以有效缓解降水量变化带来的不适应性，有效降低气候变化对经济发展的制约。Roberts 等（2006）分析了澳大利亚水资源和经济发展的关系，认为目前需要借助水资源市场实现水资源高效利用和合理配置。Barbier（2004）提出政府应该在水利投资中发挥主导作用，同时鼓励个体参与水利建设投资，这是促进水资源安全的一种有效途径。

我国水资源安全的研究起步于 20 世纪末期，按照研究内容进行分类，大体上经历了三个阶段。

第一阶段：安全理论延伸和水资源安全概念的萌芽阶段。20 世纪 80 年代，随着我国华北一带出现了连续干旱，供水严重不足，促使学术界迅速开展了相关的水资源科学研究。刘乃奋（1984）对西欧、美国、日本的节水加以述评，指出我国的水问题北方较南方更为突出，有些地方的水污染已发展到了水资源紧张的连锁反应程度。钱正英（1987）的研究指出，山西省水资源短缺严重，倘若不加以解决，将严重制约当地的经济发展。李崇智（1988）讨论了陕西省水危机现状及其对策。张志诚（1989）探讨了世界水危机与海水淡化等水再利用问题。汪恕诚（2000）认为，实现人水和谐战略目标要着重于水资源的高效利用、合理调控和节约保护。20 世纪 90 年代末期，我国学者栾胜基（1998）和洪阳（1999）从水危机出发，首次提出了"水安全"的理念，这标志着我国水资源安全的研究理论开始形成。早期的水资源安全主要是从水危机出发，围绕着水资源短缺问题、水污染问题、水资源可持续发展以及水资源问题引起的食品安全和国际安全问题，研究内容主要集中在现状分析、国家政策措施的制定等，研究手段单一。

第二阶段：水资源安全理论拓展和探索性研究阶段。我国对水资源安全的研究起步于 20 世纪 90 年代后期。学者们对水资源安全的关注度不断增加，并从不同角度对水资源安全进行研究。其中包括由降雨径流（张士锋、贾绍凤，2003）等自然因素引发的水资源安全问题研究；水污染（熊正为，2001）、水环境破坏（刘江，2003）、水资源管理体制（姜文来，2000）等人类活动造成的水资源安全问题研究；由水资源安全引发的粮食安全（范大路，2000）、国家安全（郑通汉，2003）、经济安全（王晓光，2005）、饮用水安全（肖羽堂等，2001；王硕，2009）等问题研究。这一阶段的水资源安全问题研究，多是集中在概念理论方面的研究，实例应用及可操作性研究不多；宏观层面或理论层面的定性研究较多，应用模型方法的定量研究不多；国家层面的研究多，地区层面的研究少。此外，在研究中较少或没有系统地考虑关注水资源安全的影响因素，以及它们之间的层次关系、耦合关系和作用机制，没有将水资源系统与社会经济系统作为一个有机整体加以研究。因此，研究结果对水资源安全的真实状态表征不够全面。

第三阶段：水资源安全专题性与系统性研究阶段。2000 年以来，我国学者对水资源安全的定义、内涵、评价模型和预测方法进行了跟踪研究。这一阶段水资源安全的评价模型和方法得到了进一步的丰富与完善。水资源安全问题研究主要是以区域（或者流域）研究为核心，相关的研究工作主要集中在水资源安全的评价指标体系研究（吴开亚等，2008）、水资源安全的综合评价，包括现状评价（郦建强等，2011；李继清等，2007）、历史评价（贾绍凤、张士锋，2003；孙才志、迟克续，2008；高媛媛等，2012）以及水资源安全的预警和控制（位帅等，2014；李海辰等，2016）等方面。研究方向从水资源对经济社会发展的保障能力，拓展为水资源系统的安全性、水资源开发利用的生态环境安全性。研究结论由最初的定性描述发展为定量的精确判定。

随着研究的不断深入，学者们发现气候变化和人类活动对水资源安全的影响十分突出，因此近年来越来越多的专家学者把注意力放在了变化环境下水资源安全问题研究。张建云等（2008）从防洪安全、用水安全、水生态安全和水工程安全 4 个方面分别阐述气候变化对中国水安全的可能影响。王茂运和谢朝勇（2013）阐述了气候变化和人类活动对水资源安全的主要影响。夏军等（2011）提出气候变化与水循环是全球环境变化与水科学领域的重大交叉前沿科学问题之一。水资源脆弱性已成为应对气候变化、保障水资源安全重点关注的问题。夏军和石卫（2016）讨论了全球变化影响下我国面临的水安全问题，建议要加强对重大水安全问题的科学研究，如变化环境下陆地水循环规律，重点区域社会经济发展的需水规律与需水预测，水安全观察与战略研究等。王浩等（2006）提出了天然水循环系统和社会循环系统相结合的二元水循环评价模式。

总之，学者对水资源安全的研究不断深入，案例不断丰富，研究领域趋于多元化。水资源安全的研究不只是停留在表面，而是包含对内在关系的深层次研究。不仅通过确定性寻求水资源安全的预测性，而且通过风险框架的分析增强可控制性；不仅考虑人类社会的多样性与政治性，而且注意到水资源系统自身的脆弱性、经济发展的协调性。但是，国外对水资源安全的研究方法比较单一，主要集中在对水资源安全的定性描述和探讨上，概念性研究较多，而对资源安全的理论和指标方面的研究以及定量研究较少。

我国水资源安全问题在与其他学科交叉，吸取各领域特点的基础上，取得了长足的发展。在研究尺度上，充分考虑了区域间的差异，既有国家或省级层面，也有如黄河流域、三峡库区、西北干旱区等的流域研究，还有县域或小型河流流域的研究。在研究思路上，从以"概念—评价—修证"为导向，向以"问题—分析—实证"为导向转变。但是我国水资源安全研究起步较晚，还没有形成系统的、综合的、权威的指标体系和研究方法，方法创新快但理论研究略显单薄。效果评价准则参差不齐，缺乏坚实的科学基础和客观的评价方法。典型区域的水资源安全研究问题尤为突出。水资源安全研究还应该进一步体现在：水资源安全的概念、内涵以及属性的研究，在方法创新的同时加强理论探讨，以理论指导实践；特别是典型区域的水资源安全影响因素的确定，水资源安全指标筛选与指标体系构建，水资源安全指标阈值的确定；此外，在已有水资源安全的评价中，多是对水资源常态过程的研究，对干旱、洪涝等极端气候条件下的水资源安全关注较少。在极端气候频发和影响强度不断加剧的变化环境下，有必要把常态和极值两种过程结合起来加以讨论分析。

1.2 水资源安全评价研究进展

水资源安全评价是在水环境质量评价的基础上，依照水资源系统本身为人类提供服务功能的状况和保障人类社会经济可持续发展的要求，对水环境因子及系统整体，按照一定的标准进行的水资源安全状况评估。它强调以科学的方法获得合理的结果。

1.2.1 水资源安全评价指标

水资源安全评价指标体系是水资源安全评价量化研究的基础。水资源安全评价指标体系依据不同的建立原则和框架、不同的研究角度而有所差异，这也是水资源安全评价指标体系至今尚未统一的主要原因。其研究框架归纳起来如表 1.4 所示。

表 1.4 目前常用的水资源安全评价指标框架

建立模型	特点	举例
压力—状态—响应	状态指标反映生态系统与自然环境现状；压力指标反映人类活动对环境造成的破坏和扰动；响应指标指社会和个体通过一定的活动来降低、控制、恢复和防止人类活动对环境的消极影响	基于 PSO 优化逻辑斯蒂曲线的水资源安全评价模型（宋培争等，2016）
驱动力—压力—状态—影响—响应	是压力—状态—响应模型的衍生模型。驱动力指标反映对环境的各种驱动力量	基于"驱动力—压力—状态—影响—响应"模型的潍坊区域水资源可持续利用评价（王琳、张超，2013）
驱动力—压力—状态—影响—响应—管理	从驱动力—压力—状态—影响—响应模型基础上发展而来，是解决环境问题的管理模型，能有效判定环境状态和环境问题的因果关系	基于 DPSIRM 概念框架模型的岩溶区水资源安全评价（张凤太等，2015）
人口—资源—环境—发展	主要反映人口增长、经济发展与资源环境之间的耦合关系	基于 SD 模型的长沙市水资源承载力研究（罗宇、姚帮松，2015）
水资源开发—利用—管理	从水资源条件、开发利用效率、生态环境状况、配置和管理能力 5 个方面提出评价指标	基于 GRNN 模型的区域水资源可持续利用评价——以云南文山州为例（崔东文、郭荣，2012）
社会—经济—自然复合生态系统	它是自然子系统、社会子系统和经济子系统耦合所构成的复合系统。复合系统整体发展和内部子系统协调情况是评价的主要依据	水资源承载力模型研究，（刘小妹、康彤，2017）

　　水资源安全的评价指标体系不管从哪一种框架出发，大体上是考虑自然环境因素、生态因素、经济因素和社会因素四个方面。由单一的水资源系统指标发展为水—社会经济—环境的复合系统指标；指标的选择从静态指标到动态不确定性指标（如洪涝灾害、水污染次数等）；从客观因素出发，也充分考虑诸如管理措施、投入能力以及建设能力等人文环境响应。

　　水资源安全的评价指标体系也存在着未解决的困境和矛盾：有哪些重要的因素没有考虑，如何既控制信息冗余又保证其全面性，如何选择合适的指标进行评价，如何控制人为主观因素的干扰和判断保证其科学性，如何处理水资源安全的度量角度与评价体系之间的关系，如何区分评价指标的贡献，等等。

关于指标体系构建，水资源安全评价的指标选取应该从水资源安全的内涵出发，选择适宜的度量视角。度量的角度不同，评价体系应该有所不同和区分；水资源安全评价的指标选取应该从喀斯特地区自身的特殊性出发，紧扣喀斯特地区水资源安全的突出影响因子，如状态系统（地表水和地下水的资源量、供水量特征）自然因素（石漠化情况、水土流失比例等）、经济因素（经济发展速度、农业特点等）、社会因素（工程布局、工程供水等）；在全面反映水资源安全的前提下，尽可能减少指标数目，并且具有实用性和可操作性；采用定性与定量相结合的方式确定，尽可能降低人为因素的主观影响。

1.2.2　水资源安全评价方法

科学的评价方法是对水资源系统进行客观评价的关键。面对复杂的水资源系统，如何加以科学客观的评价是一个难点，各种方法的出发点不同、研究思路不同，适用对象不同，解决的问题也存在不同。目前国内水资源安全评价的方法从最初的简单定性描述发展至今天的定量精确判定，评价方法可以分成以下几类。

（1）定性评价方法：根据已有材料和数据，经过分析讨论得到评价结果。主要是专家层面的或难以量化的大系统，或者是对国家政策的指导和定位。例如，夏军（2002）以海河流域为重点对象，通过对国内外课题前沿进展的述评，指出了影响华北地区缺水的自然因素和人为因素。刘洋和李崇光（2000）从自然资源、经济资源角度分析了产生水资源危机的原因，找出中国未来水资源安全亟需解决的四大矛盾。张利平等（2009）从水资源调查评价结果入手，剖析了我国水资源的现状和特点。此类方法属于经验方法，存在较强的主观性，主要适用于战略层面的决策分析以及难以量化的大系统。

（2）技术经济分析方法：水资源做为一种特殊的商品具有经济属性，按照水资源的稀缺程度、开发手段以及流通状态可以应用经济理论加以分析。宋晨烨等（2013）根据约束条件组，随机产生水资源安全风险指标体系矩阵，并产生相应的风险序列，对黄河流域的 8 个省份进行了风险评估。刘斌和封丽华（2004）应用系统分析和工程技术经济学理论，从水源地地下水可持续开发利用及水资源—社会经济—环境协调发展的角度，分析了乌鲁木齐柴窝堡供水水源地水资源开发与管理的问题。王智勇等（2000）利用经济学理论计算了河北省各平原区域的工农业用水边际效益值，并进一步分析了边际效益在水资源配置中的作用。通过技术分析评价和经济分析方法，可以对水资源进行价值分析、成本效益分析，以及配置的可行性分析。

（3）传统统计分析方法：传统统计分析方法是指统计学的因子分析、聚类分析、判别分析、主成分分析（Xiao & Wang，2007）等。主要是将大量具有错综复杂关系的指标归结为少数几个综合指标。可用于评价指标体系构建，对评价对象进行分类，反映各类评价指标的依赖关系等探索性分析。此类方法的弊端是约束条件过多，需要在一系列假设基础上进行研究，大多数评价并没有给出解释或比较明确的解释，常常由于不好解释而略过，从而影响评价结果的可信度。

（4）系统工程方法：系统工程方法是以大规模复杂系统为对象的现代科学决策方法。诸如评分法（宋松柏、蔡焕杰，2005）、层次分析法（万坤扬、胡其昌，2013）、系统动力学（秦剑，2015）等方法。此类方法通过对系统结构的分析建立模型，从而获取较优的系统行为。但是其参数方程过多且与主观认知有关，使得结果的客观性与真实性容易出现偏差。

（5）模糊评价法：常见的有模糊综合评价（舒瑞琴等，2013）、物元分析（李凤英等，2006）、模糊识别（卫仁娟等，2013）等方法，是水资源系统较为常用的方法。此类方法可以解决水资源系统多因素、模糊性等问题，但是只考虑了主要因素的作用，忽视了次要因素，使评价结果不够全面；当指标数较多时，权向量与模糊矩阵不匹配，易造成评判失败，评价的主观性明显。

（6）智能化评价方法：智能化方法具有自适应和自组织能力，能够克服人们对客观事物认识的主观性和局限性，对复杂系统、非确定性问题有很强的处理能力。它是以指标体系为基础，构建区域评价的网络模型，对系统本身的客观规律进行定量分析。有关学者将人工神经网络（胡昌军，2013）、支持向量机（畅明琦等，2011）、随机森林（康有等，2014）等方法应用于区域水资源系统中，对评价结果进行验证分析，得到了较好的效果。智能化评价越来越得到广泛关注，是一种稳健性较高的、客观的评价方法。

（7）生态模型：将一些成熟的生态模型应用到水资源安全评价中也是近些年最具有活力的方向。例如，由生态足迹衍生而来的水足迹（宋永永等，2015）评价法，由生态账户衍生而来的水资源账户（刘亚灵、周申蓓，2017）评价法。这类方法是通过衡量人类对自然资源的消费而评估人类对水资源的影响，是评价人类活动可持续的一种工具。

水资源评价的方法除了上述的人工智能模型、数学模型、生态模型几大类外，还有根据实际情况将两种或者几种方法结合或改进来开展研究（凌红波等，2010；吴开亚等，2008；钱龙霞等，2016）。尤其是近十年来，随着人工智能领域的发展，基于人工智能技术新方法的组合模型研究逐渐增多。随着综合评价方法的研究不断进步，水资源安全的评价得到长足发展。水资源系统是一个有着随机性和不确定性的非线性系统，伴随气候的变化和人类活动影响的不断加剧，水资源安全的表征变得更加困难，对水资源安全的评价研究需要深入地发展和完善。

首先，多种评价方法的评价结果存在不一致性。评价指标体系不同，评价方法不同，对复杂的水资源系统的评价结论可能会存在差异。这个问题在现实中普遍存在，陈守煜（2010）"基于可变模糊集的对立统一定理及在水资源水安全系统评价中的应用"一文给出的同一个评价对象的三种不同评价结果就是一个证明，但是截至目前仍没有更好的解决方法。因此，综合评价成为目前评价方法的发展趋势之一。

其次，将一般评价方法与智能评价相结合，使评价结果更加智能化、科学化、灵活化，这将成为水资源安全评价的发展方向之一。伴随相关学科的理论和方法的完善，水资源评价得以发展并服务于水资源系统，促进了水资源管理决策的科学化发展。事实上，无论哪一种评价方法就其本身来说都比较成熟。水资源安全评价的关键问题是根据区域特点、评价对象、环境特征和评价目标等要点建立适宜的评价指标体系，选择恰当的评价方法，才能真正有效地进行水资源安全评价工作。

1.2.3　研究动态

水资源系统的研究本身是一个非常复杂和具有挑战的工作。水资源安全研究的相关理论、方法和内容的研究还在进一步完善中，从目前来看，水资源安全研究呈现以下态势：

（1）水资源安全评价指标体系的发展和完善。已有研究在水资源安全评价的过程中所选取指标的性质和数量有着很大差异，指标确定多为主观控制，目前没有全面的和公认的评价指标体系。指标选取要在全面反映水资源安全的前提下，尽可能减少指标数目，并且具有实用性和可操作性。可以考虑采用实验法、数学模型等方法，以定性与定量相结合的方式确定指标，尽可能降低主观影响。

（2）采用水质—水量联合评价模式。已有的水资源安全研究多关注水质方面，而关注水量则相对较少，而且多是采用水质—水量分离评价的模式。这种评价模式割裂了水质与水量之间复杂的耦合关系。水质与水量是对水资源安全的健康水平的保证，两者之间存在着一定的耦合作用。水资源量的变化会引起水质的变化；水质的变化也会造成水量的不稳定。传统的评价模式不能及时反馈水质的影响时效性，影响水资源系统的配置、调控和管理。考虑水质—水量的联合评价是水资源安全研究的需求之一。

（3）在水资源安全研究中充分考虑人类活动的影响。水资源的主客体都是动态变化的。生态环境与水文系统相互作用的变化，人口的增加，社会经济发展水平的提高，水资源的开发利用程度的变化和方式的转变，都会使得水资源系统呈现出动态变化。人类活动既影响用水量的变化，又影响水资源的开发利用和环境的变化，这是影响水资源安全的主要驱动因素。特别是在工程性缺水严重的喀斯特地区，在"取水—蓄水—输水—用水—排水"的人类活动影响下的水资源社会循环是不容忽视的主要因素。这就需要精细考虑水资源的系统配置、联合调度和综合管理等人类活动的综合影响。

（4）随着气候极端事件频发和影响强度的不断加剧，有必要把常态和极值两个过程加以集成分析。气候的变化主要影响水资源量的变化，使得水循环与水资源系统发生显著变化。因此，在长时间尺度和宏观层面的研究中，不仅要有传统的水资源常态过程的分析，还应该精细考虑极端气候变化条件下的水资源安全研究。

（5）将一般评价方法与智能评价相结合，将成为水资源安全评价的发展方向之一。水资源系统是复杂的非线性系统，具有明显的随机性和不确定性，伴随气候的变化和人类因素影响的不断加剧，水资源安全的表征变得愈发困难，因此对水资源安全的评价研究需要深入发展和完善。随着人工智能领域的发展，基于人工智能技术新方法的组合模型，将一般评价方法与智能评价相结合，使评价结果更加智能化、科学化、灵活化，易于表征水资源系统复杂的耦合关系，这将成为水资源安全评价的发展方向之一。

1.3 水资源安全预测研究进展

1.3.1 水资源安全预测方法

国内外关于水资源安全的预测方法有很多，分类也呈多样化，例如，按照预测时间长短，可以分为短期预测和中长期预测；按照是否采用数学模型，可以分为定性预测和定量预测；按照是否采用统计方法，可以分为统计预测和非统计预测，等等。

定性预测研究是根据研究者的直观判断能力对预测事件的未来状况进行直观判断的方法。其主要是对水资源未来状况性质上的预测，而不着重考虑其量的变化。常见的方法有头脑风暴法、特尔菲法、主观概率法、交叉概率法等。例如，Strzepek 等人（2013）通过对发展中国家水文指标的预测与分析，评估了气候变化对水资源部门投资的影响。这类方法对预测者的主观依赖较强。

水资源安全定量预测根据不同的研究对象构建不同的模型，主要包括传统的统计预测、动力学预测和智能预测，见表1.5。

表 1.5 水资源定量预测方法

方法	方法简介	特点	举例
时间序列法	随机性时间序列预测,如平稳时间序列预测(ARMA,ARIMA 等)、回归预测(线性、非线性、自回归预测等)	时间维度的分析	基于 ARIMA 的民勤绿洲水资源承载产值时间序列预测(李兴东、武耀华,2012)
马尔科夫法	根据系统当前状态预测其未来各个时刻(或时期)变动状况的一种预测方法。首先确定系统状态,然后确定状态之间的转移概率,最后进行预测,并对预测结果进行分析	时间维度的分析	A Probabilistic Short-Term Water Demand Forecasting Model Based on the Markov Chain(Gagliardi et al,2017)
系统动力学法	通过分析系统结构,选择合适的因素,搭建因素间的反馈路径,然后通过一系列微分方程建立系统动力学方程,从而深入探索系统在不同参数和不同策略因素下的变化行为和态势	系统动力分析	Using System Dynamics for Sustainable Water Resources Management in Singapore(Xi X,Poh K L,2013)
模糊预测法	模糊预测一般用于确定因子评分体系和评价因子权重,通过单因子模糊评判和模糊综合评判来划分水资源的安全程度,将一些定性与非定性指标通过隶属函数来刻画非确定性参数及其指标分级界限	经验信息	区域水资源承载能力模糊综合评价研究(方国华等,2010)
元胞自动机法	是一种把无序、无规则、不平衡的状态,通过空间相互作用和时间因果关系变成有序、规则、平衡状态的动力学模型,具有模拟复杂系统时空演变过程的能力	系统分析	气候变化对黄土高原黑河流域水资源影响的评估与调控(李志等,2010)

方法	方法简介	特点	举例
灰色系统法	基于关联空间、光滑离散函数等概念，定义灰导数与灰微分方程，进而用离散数据列建立微分方程形式的动态模型。对于不确定性因素的复杂系统预测效果较好，且所需样本数据较少	少数据	An Improved Coupling Model of Grey-System and Multivariate Linear Regression for Water Consumption Forecasting (Fang H，Tao T，2014)
情景分析法	改变系统的一个或几个因子，模拟系统演化过程，对未来做出预测	定性与定量相结合	中国水资源利用特征及未来趋势分析（吴芳等，2017）
决策树预测法	是一个利用像树一样的图形或决策模型的决策支持工具，包括随机事件结果、资源代价和实用性	技术模拟	改进的风险决策及NSGA－Ⅱ方法在马莲河流域水资源综合管理中的应用（高雅玉等，2015）
人工智能法	是使用计算机对人的某些思维过程和智能行为（如学习、推理、思考、规划等）进行模拟的方法。常见的有神经网络、深度学习等	技术模拟	基于粗糙集和BP神经网络的流域水资源脆弱性预测研究——以淮河流域为例（刘倩倩、陈岩，2016）

就上述各类方法的应用而言，Takamatsu等人（2014）基于土地利用、覆盖变化对水文水资源的影响，利用多元Logistic回归分析了1993—1997年间湄公河子流域土地利用变化趋势，模拟了2033年土地利用和水需求量，预测了未来需水量对当地径流的影响。灰色系统预测依靠少量信息，即可通过系统行为指标建立相互关联的预测模型，如畅建霞（2002）等构建灰关联熵的水资源系统演化判别模型，讨论了黄河流域水资源系统的演变机制。刘志国（2007）应用灰色系统预测了河北省水资源系统的演变趋势。马尔科夫（Markov）模型多从时间维度分析水资源安全变化的驱动机制和变化趋势，但该模型适用于大样本不确定性统计规律预测。Wang等（2016）为解决"小样本""贫信息"问题，将灰色预测理论与马尔科夫相结合建立组合模型，对乌鲁木齐市不同利用率下的水资源供需状况进行了分析，得到理想的预测效果。系统动力学偏重于从系统论和控制论的角度分析水资源安全的变化，如王银平（2007）构建天津市水资源系统动力学模型，实现了对未来水资源利用情况的模拟及预测，得到了区域水资源可持续发

展的最佳模式。黄贤凤和王建华（2006）就江苏省经济、资源与环境之间的协调问题，将系统动力学结合环境经济等学科理论，建立了江苏省经济—资源—环境系统动态仿真模型，根据模拟结果为江苏省的可持续发展提出了一些建议。

1.3.2 研究动态

从研究方法来看，目前常用的预测模型方法有很多，国外对水资源安全的预测分析过程注重定性与定量相结合。国内的研究方法是从早期的主观性、经验性的定性分析到近些年迅速发展的各种定量模型的使用。近些年将人工智能的方法与技术应用于水资源领域的案例越来越多，预测的精度和效果也在逐渐提高。同时，为得到更好的精度和更便捷的预测，出现了一些组合模型和先进的智能的现代预测方法，如传统预测方法与神经网络相结合的预测方法（张萌等，2017；高学平等，2017），基于深度学习（陈工等，2017）的预测方法，这些正成为生态安全领域一个新的探索方向。

从研究内容来看，有对单一量的指标（如水质、水量、需水量、径流量）的预测，有对复合系统（如水资源承载力、水资源生态足迹、水资源安全）的预测。水资源安全的影响因素具有阶段性和不确定性，受水资源条件、水质水量、水利工程状况以及用水状况和水资源管理水平等因素的制约，使综合化、集成化的预测内容对水资源安全利用的探索成为更准确的方式。

从研究结果准确性来看，模型的选取要根据研究的具体情况和需求来决定。神经网络模型对于自变量已知且需进行非线性行为分析的预测结果更为准确；如果自变量具有如政策驱动的一类定性的指标，选择回归模型效果更好；如果自变量不能够得到，时间序列模型效果更好。虽然这些方法都得到了广泛应用，但是水资源领域最优预测模型尚无统一定论。

总的来说，为使研究的结果更可靠，水资源安全的预测方法正从单一方法逐渐向组合模型方向发展，从传统方法向现代的人工智能方向发展，研究内容向多指标综合预测方向发展。

1.4 研究意义

1.4.1 理论层面

从理论层面看，水资源安全作为地理学、生态学、环境学、水文水资源学等学科的重要研究问题，国内外学者从理论到方法做了广泛研究，但是对喀斯特地区水资源安全的定量研究还不成熟。本书在丰富和完善水资源安全的理论和内涵的基础上，通过喀斯特地区水资源安全的动态评价及仿真模拟的理论和方法研究，对水资源安全变化进行归因分析，探讨喀斯特地区水资源安全的调控措施，丰富了人类活动和气候变化影响下喀斯特地区水资源安全的研究内容，能够丰富和发展区域应对气候变化的水资源适应性管理体系，降低气候变化的负面影响，保障变化环境下区域水资源安全，具有重要的科学意义。

1.4.2　技术层面

从技术层面看，伴随水资源安全研究对象、内容和领域的日趋丰富，由于极端气候的出现和过多的人类活动干扰等变化环境影响，引起水资源系统的复杂性和不确定性，传统的统计手段和研究方法已经无法满足分析的需求。探索新的技术手段支撑尤为必要。随着人工智能时代的到来，将神经网络与深度学习应用于不同时空尺度的水资源安全研究中，能够为水资源系统的不确定性研究提供新的思路。由于模型和方法具有开放性，可为其他喀斯特地区水资源系统的研究提供一定的理论依据和参考。

1.4.3　实践层面

从实践层面看，水资源是喀斯特地区生态保护、经济建设和脱贫致富的关键因素。喀斯特地区生态系统极为脆弱，自身的抗干扰能力和恢复能力较弱，因而对气候变化更为敏感（侯文娟等，2016）。近年来，中国西南喀斯特地区降水的年际与年内变化增大，变差系数也显著增大，进而增加了极端气候事件的发生概率，工程性缺水更是给脆弱的喀斯特地区造成较大压力。降雨量和气温的变化，以及人类活动的影响，是喀斯特地区水资源安全利用的主要影响因素，对它们之间的作用机理和变化机制的深入研究尤为必要。但是，喀斯特地区水资源安全的时空分异特征怎样？气候变化下水资源安全的胁迫因子及胁迫机理是什么？水资源安全对气候变化的敏感性如何？未来趋势怎样？这一系列问题是喀斯特地区水资源可持续利用的基础和前提，亟需开展相关理论研究。这对研究区水域资源可持续利用，保障区域经济和水资源协调发展具有重要的现实意义。

第2章 研究方法与手段

2.1 研究内容与方法

2.1.1 研究内容

针对喀斯特地区水资源安全研究存在的薄弱环节，本节以贵州省为研究区，从水资源安全的时空演变规律和仿真模拟展开研究，主要研究内容如下：

研究1：喀斯特地区水资源安全评价指标体系构建。基于统计数据、观测数据，开展多源数据融合，建立水资源安全初级评价指标体系，采用平均影响值的反向传播神经网络（MIV—BP），从复杂指标体系中筛选出核心指标，确定水资源安全评价的最小数据集，同时基于 MIV 值分析喀斯特地区水资源安全评价指标的影响程度和方向。

研究2：喀斯特地区水资源安全的时空演变规律研究。基于喀斯特地区不同时段、不同地区的统计数据构建优化的神经网络模型，对研究区水资源安全进行时间和空间尺度的评价，有效把握研究区水资源系统的现状、年际变化、时空分布特征等区域性的宏观规律，掌握喀斯特地区水资源安全的时空格局及其演变规律。

研究3：气候变化驱动下喀斯特地区水资源安全胁迫因子及胁迫机理。解析气象要素变化对喀斯特地区水资源安全的影响机制，识别气候变化驱动下的水资源安全关键气候影响因子，探讨喀斯特地区气候变化与水资源安全演变互馈机制，分析不同空间区域对气候变化的敏感性和差异性。

研究4：喀斯特地区水资源安全调控途径研究。首先，对典型喀斯特地区保持现状发展，进行趋势外推，基于深度学习理论预测未来 10 年研究区水资源安全总系统和子系统的演变趋势。其次，根据水资源时空演变特征和区域发展特点，改变系统参数，设置不同情景，基于深度学习理论构建喀斯特地区水资源仿真模拟系统，对喀斯特地区水资源安全未来格局变化进行仿真模拟。同时提出研究区水资源安全调控措施。

2.1.2 研究方法

水资源系统诊断分析方法：通过熵权的因子分析方法讨论喀斯特地区水资源系统主要问题和现状。

水资源安全评价指标体系构建：运用 MIV－BP 神经网络模型筛选评价指标，并通过对 MIV 值分析进一步讨论指标的作用规律和机制，建立表征喀斯特地区水资源安全的评价指标体系。

水资源安全评价模型：应用遗传算法优化 BP 神经网络模型，计算综合评价结果，从时间和空间上对喀斯特地区水资源安全做出对比分析。

水资源安全仿真模拟模型：运用系统分析的方法对区域内各种错综复杂的相互关系进行分析，采用深度学习的神经网络算法实现对其趋势预测和不同情景的仿真模拟。

情景分析法：对系统进行分析，找出影响研究对象或者其发展变化的外部因素，对外部因素未来可能出现的交叉情景加以分析和预测。

灰色综合评价模型：构建灰色综合评价模型，对不同调控方案进行综合评判，选择最佳调控方案。

2.1.3 技术路线

本书采用理论研究、建模推理、应用研究为一体的研究方法，具体如下：

理论研究：提出水资源安全基本理论，分析喀斯特地区水资源安全的内涵。

建模推理：通过评价指标的设计、阈值的确定，构建喀斯特地区水资源安全的评价和预测模型。

应用研究：应用上述理论方法对研究区进行案例分析，揭示喀斯特地区水资源安全的时间演变规律和空间分异特征，提出研究区调控机制和一般性的政策建议。

喀斯特地区水资源安全动态评价及仿真模拟研究技术路线见图 2.1。

2.2 数据来源与处理

研究数据主要来源于 2001—2015 年的《贵州省统计年鉴》《贵州省环境状况公报》《贵州省环境统计公报》《贵州省水土流失公告》《贵州省国民经济和社会发展统计公报》和《贵州省水资源公报》，以及贵州各州市的历年统计年鉴、环境状况公报、国民经济和社会发展公报等。其中部分缺失数据采用缺测时刻前后相邻时步的数值进行线性插值获得。

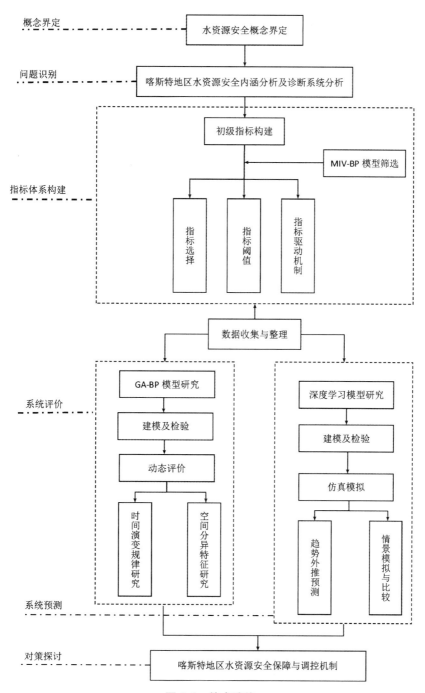

图 2.1　技术路线

　　统计数据涉及行政区划、自然资源、社会经济、生态环境以及水环境等方面。数据处理过程分为数据统计、数据计算、数据审核和修改、数据汇总、数据导入和导出等阶段，主要是在 Excel 中完成。

第3章 贵州省喀斯特地区环境概况

贵州省位于中国西南的云贵高原东部，地跨 24°37′～29°13′N，103°36′～109°35′E，东部与湖南接壤，南靠广西，西与云南毗邻，北邻四川省和重庆市（图3.1），平均海拔 1100 m。全省国土面积 176167 km²。

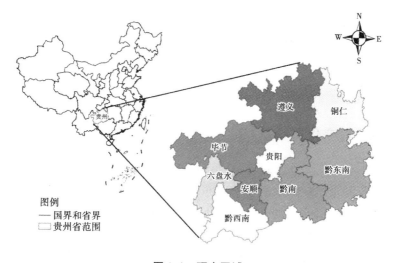

图 3.1 研究区域

贵州省辖 9 个州市，其中 6 个地级市：贵阳市、遵义市、六盘水市、安顺市、毕节市，铜仁市，3 个自治州：黔西南、黔东南、黔南。2015 年年末，全省常住人口为 3529.50 万人。与过去的 5 年相比，增加 54.64 万人，增长率为 1.57%，年平均增长率为 0.31%。

3.1 区域环境的历史变迁

3.1.1 气温变化

贵州省属亚热带高原季风湿润气候，境内温暖湿润，雨量充沛，四季分明，年平均气温 15℃，一般月平均气温最低 3℃～6℃，比同纬度地区略高，月平均气温最高 22℃～25℃，夏天气候凉爽。受大气环流及地形等影响，贵州气候呈多样性。从国家气象局获得的数据对贵州省近 50 年来气温的变化情况进行分析，由图 3.2 可见，从年际变化来看，其多年平均气温呈上升趋势。

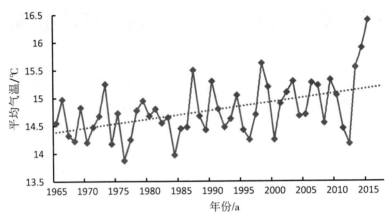

图 3.2　贵州省 1965—2015 年平均气温变化

3.1.2　降水量变化

贵州省年平均降水量为 1100～1300 mm，大部分地区多数年份雨量充沛，年降水量大于蒸发量。从降水的季节分布看，干湿季节分布明显，降水多集中在6～8 月，约占全年降水量的一半，但降水量的年际变化不显著，年内变化明显，存在季节性干旱。有研究表明，贵州省近 50 年降水量呈下降趋势，春秋季节降水量下降更为显著，夏冬季节降水呈不显著的上升趋势（徐建新等，2015）。从降水区域分布来看，空间分布不均，有三个多雨区，分别位于贵州的西南部、东南部和东北部，降水呈现南多北少，东多西少。这些都增加了极端气候发生的概率，加剧了季节性干旱的风险。从国家气象局获得数据对贵州省近 50 年来气象要素年平均降水量的变化情况进行分析，由图 3.3 可见，从年际变化来看，年平均降水量呈下降趋势。

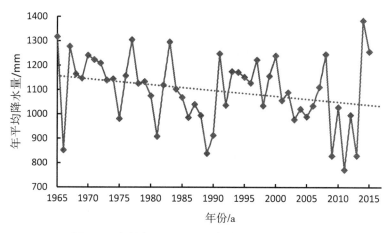

图 3.3 贵州省 1965—2015 年年平均降水量变化

3.2 区域环境的现状

3.2.1 区域的自然环境

3.2.1.1 地形地貌

全省地貌大致分为高原、山地、丘陵和盆地（图 3.4）。据统计，全省山地面积约占 61.7%，丘陵面积约占 30.8%，山间平坝占 7.5%，素有"地无三里平"之称。地形陡峭而破碎，土壤侵蚀严重。地势西部高，东部低，东西部的海拔高差超过 2500 m。

3.2.1.2 地质概况

贵州省碳酸盐岩分布广泛，并且类型众多，差异明显。喀斯特地貌面积为 10.9×10^4 km^2，约占全省总面积的 60%，是全球三个最大岩溶集中分布区之一，而且是连片裸露碳酸盐岩面积最大、岩溶发育最强烈的区域（Li et al，2002；Chen et al，2013）。贵州省地质背景独特，景观异质性突出，形成了独特的喀斯特生态系统。

3.2.1.3 土壤与植被

西南喀斯特岩溶地区土壤以黄壤和石灰土为主，分别约占 38% 和 24%。由于土壤贫瘠、蓄水能力差，生物生产力低，植被大多具有嗜钙、石生和耐旱的特

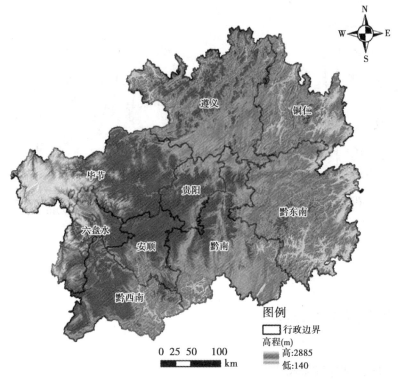

图 3.4 贵州省地形地貌图

性。较低的环境容量使得物种多样性低，系统结构简单，生物量少。2015 年森林覆盖率达 50%，过去的 15 年间增长了 20%。喀斯特植物的特征主要取决于环境条件，即缺水，钙质丰富，土壤贫瘠，有机质不足。植物生长速度低，在人类活动的干扰下很容易受到伤害。因此，石漠化是喀斯特生态系统退化的最终结果。

3.2.1.4 水文特征

贵州省河流属长江水系和珠江水系，境内河网密集，其中地下河较多，有 1097 条（图 3.5）。以苗岭为分水岭，苗岭以北为长江流域，流域面积 11.57×10^4 km^2，占全省总面积的 66%，主要河流有乌江、赤水河、清水江、洪州河等。苗岭以南为珠江流域，流域面积 6.04×10^4 km^2，占全省总面积的 35%，主要有南盘江、北盘江、红水河、都柳江等。充沛的降水和气温的综合作用加剧了岩溶侵蚀，水土流失十分严重。地下河和溶水洞较多，地面蓄水保水能力差，地表漏水现象严重，有独特的地表水和地下水二元水文结构。

图 3.5　贵州省水系

3.2.2　区域的社会经济环境

3.2.2.1　工业生产情况

贵州省生产总值从 2001 年的 1133.27 亿元增加到 2010 年的 4602 亿元。这一时期是以能源工业为支柱，烟、酒等传统优势产业快速发展，特色食品、民族制药、旅游商品等特色产业逐渐兴起。这一阶段，贵州的工业相当于全国 20 世纪 90 年代中期水平，大体上落后全国平均水平 15 年。从 2011 年起，贵州 GDP 高速增长，经济增速连年位居全国前 3 位。经济总量从 2011 年的 5702 亿元增加到 2016 的 11730 亿元。近些年，贵州产业结构优化调整，大数据、大旅游、大生态相关投资快速增长，生态环境成为贵州经济跨越式发展的后发优势。

3.2.2.2　农业生产情况

贵州省山高坡陡，平地较少，田高水低，保水蓄水困难，耕地肥力小且质量差，中低产田面积大，可开发的后备土地资源不足。近年来非农占地日增，耕地面积减少，加之人多地少，是典型的经济落后的农业大省。从农林牧副渔五大产业结构分布来看，以农业种植业为主，牧业为辅，两者在五大产业中所占比例高达 90%，林、渔、副业所占比率较小。

3.3　区域环境的问题

喀斯特地区有着独特的二元结构水文系统，生态系统极为脆弱。西南喀斯特地区是我国重要的生态屏障区，其生态环境问题严峻，存在着包括石漠化在内的诸多环境问题。

3.3.1　干旱突出

喀斯特地区的干旱不同于普通地区的干旱，它是喀斯特地区在特定的生产力水平和社会经济发展阶段，由于特殊的岩溶水文地质地貌条件和某些人为活动而导致岩溶土层持水时间短、耐旱能力下降，其自然供水满足不了工业和农业最低限度或特定标准的用水需求。

贵州喀斯特地区存在"地高水低""雨多地漏""石多土少"及"土薄易旱"等特点。由于岩溶发育强烈，蓄水空间的溶孔、管道等分布不均，这种蓄水、径流、补给和排水的独特性造成了地下径流过程变化大，富水空间差异大，稳定性差，出现了地下富水区与地表干旱区并存现象。此外，贵州省降雨时间分配不均，春秋少雨，光照强，蒸发量大。贵州省虽降雨丰沛，但降水的变异系数较大，加之独特的喀斯特地貌，地表蓄水性能弱，极易引起季节性干旱。2009—2011 年间贵州遭遇了百年不遇的旱灾，2013 年大旱再次来袭。

3.3.2　石漠化现象严重

贵州境内石灰岩分布广泛，大部分地区土层较薄，当地山高坡陡，地形起伏大，气候暖湿，加之降水集中，给土壤侵蚀提供了有利条件，导致严重的水土流失和石漠化。此外，喀斯特地区土地资源匮乏，可耕地面积少，而人口众多，人地矛盾突出，过度放牧、毁林开荒、火烧和樵采等人类活动导致植被破坏，造成严重的水土流失，更加剧了石漠化过程。

3.3.3　工程性缺水明显

贵州喀斯特地区雨水多，但方便可利用的水资源少，由于缺乏拦水、蓄水和调水等工程，造成严重的人畜饮水困难；传统中拦蓄供水模式不适合喀斯特地域特点，难以解决缺水问题。基于以上特点，贵州喀斯特地区成了"缺水区"，尤

其"工程性缺水"已成为制约贵州喀斯特地区社会经济与生态协调发展的主要
瓶颈。

3.3.4 降水的空间异质性

贵州是长江流域与珠江流域的分水岭,受到东亚季风与西南季风的共同影
响。由于高海拔地形和低纬度的位置特征,具有独特的天气、气候系统,其降水
时空分布受气候变化引起的季风变化影响显著。夏季降水的年际变化较其他季节
大,春、夏、冬降水变化具有一定的周期性(严小冬等,2004)。同时,作为国
内喀斯特地貌分布最广的地区,其地形复杂破碎,空间异质性强,极易受到极端
降水的侵害。

3.3.5 自然灾害频发

由于特殊的地质环境和人类活动的影响,喀斯特地区最容易发生旱涝灾害、
水土流失、沙漠化、崩塌等灾害。中国西南部的喀斯特地区水资源安全已经受到
如季节性缺水、频繁交替的洪涝和干旱及水污染等各种威胁。贵州省自然环境抵
抗干扰的能力差,自身修复能力弱,自然灾害频发,主要有滑坡、崩塌、地面塌
陷、泥石流、地裂缝等地质灾害,干旱、洪涝、凌冻、冰雹等气候灾害,其中干
旱危害的影响最大。由于贵州山区海拔落差大,坡陡流急,每年汛期的持续降
雨,诱发了大量山体滑坡等地质灾害。

3.3.6 水资源开发利用难度大

中国西南喀斯特地区虽然在传统意义上属于水资源丰富区,但地表水资源短
缺,地下水资源丰富,形成了特殊的"二元"水结构系统。喀斯特地区有着复杂
的水文地质、地貌和生态环境条件,多种水资源赋存类型以及由此导致的"工程
性"缺水等问题,使其流域空间结构、水系发育规律、水文动态等方面表现出与
常态流域的巨大差异,这也增加了喀斯特地区水资源的开发和利用难度。

境内山地较多,山间小面积溪流基本有常流水,出露较高,虽然水量不大但
适宜兴建各种小型提引水灌溉工程,在正常年份,基本可以满足灌溉生活需要。
省内大中型河流大多属于长江流域和珠江流域,多穿梭于深山峡谷之中,水能资
源丰富,对于水能资源开发有利,但是因为扬程较高,引水渠道较长,开发困难
较大。

3.4　区域水环境系统的诊断分析

喀斯特地区水资源系统是自然和社会两大因素相互耦合、相互关联、共同作用的结果，是一个具有不确定性和非线性的复杂综合系统。喀斯特地区特殊的地貌与水文系统相互作用的变化，人口的增加，社会经济发展水平的提高，水资源开发利用程度的变化和方式的转变，这些都使得喀斯特地区的水资源系统呈现出动态变化。自然方面主要是气候的变化，它主要影响水资源量的变化；人类活动既影响用水量的变化，又影响水资源的开发利用和环境的变化，是影响水资源安全的主要驱动因素。喀斯特地区水资源系统诊断是水资源安全研究的基础。

3.4.1　喀斯特地区水资源系统影响因素

喀斯特地区水资源系统的影响因素可划分为自然因素、区域社会经济水平因素以及人类活动的支持性和限制性因素，具体指标见表 3.1。

表 3.1　贵州省水资源系统的影响因素统计

属性	指标
自然因素	年平均降水量，地表水资源量，地下水资源量
社会经济因素	GDP，工业产值
支持性因素	大中型水库蓄水量，水利资金投入
限制性因素	平均每亩耕地化肥施用量，废水排放总量，中度以上石漠化面积比

3.4.2　喀斯特地区水资源系统诊断方法

喀斯特地区水资源系统诊断既要体现该区域水资源总体现状，如紧缺程度、供水类型等，反映水资源可持续利用状况和开发利用的满意程度，也要考虑水量水质对经济和社会的保障程度、水资源与生态耦合程度等因素。因此，基于水资源系统的复杂性，采用因子分析法确定影响喀斯特地区水资源系统的主要因子，利用熵权法确定每个因子的权重，从而计算水资源系统的综合得分，以期对喀斯特地区水资源系统的状态做出初步诊断。

3.4.2.1　因子分析

因子分析是利用降维的思想，用少数几个因子来反映原有系统具有复杂关系的一组变量之间的关系，把关系密切的几个变量归在同一类别中，每一类变量形成一个因子。本书采用因子分析法找出影响喀斯特地区水资源系统的显著性驱动因子，为水资源安全评价指标体系的建立做出前期分析。

设喀斯特地区水资源系统影响的关键因素 x_i（$i=1$，2，$\cdots$，10）线性依赖于少数几个不可观测的公共因子 f_j（$j=1$，2，$\cdots$，m），其统计模型为

$$\begin{cases} x_1=a_{11}f_1+a_{12}f_2+\cdots+a_{1m}f_m+\varepsilon_1 \\ x_2=a_{21}f_1+a_{22}f_2+\cdots+a_{2m}f_m+\varepsilon_2 \\ \vdots \\ x_{10}=a_{10,1}f_1+a_{10,2}f_2+\cdots+a_{10,m}f_m+\varepsilon_{10} \end{cases} \quad (3.1)$$

式（3.1）中，f_j（$j=1$，2，$\cdots$，m）为公共因子，a_{ij}（$i=1$，2，$\cdots$，10；$j=1$，2，$\cdots$，m）为因子载荷。ε_i（$i=1$，2，$\cdots$，10）为特殊因子，是不可观测的随机变量。

3.4.2.2　熵权法

熵是对系统状态不确定性的一种度量。信息量越大，不确定性就越小，熵也就越小；信息量越小，不确定性越大，熵也就越大。喀斯特地区水资源系统状态可以借助熵值来判断各因子的离散程度。在确定评价指标的熵权值时，运算公式如下：

$$H(y_j)=-\frac{1}{\ln n}\sum_{i=1}^{n}z_{ij}\ln z_{ij}, \quad j=1, 2, \cdots, m \quad (3.2)$$

式中，z_{ij} 为第 i 个评价时段第 j 项因子占所有时段该因子和的比重。将评价指标的熵值转化为权重值：

$$\omega_j=\frac{d_j}{\sum\limits_{j=1}^{m}d_j}(1\leqslant j\leqslant m) \quad (3.3)$$

$$d_j=\frac{1-H(y_j)}{m-\sum\limits_{j=1}^{m}H(y_j)}, \quad j=1, 2, \cdots, m \quad (3.4)$$

式中，$0\leqslant d_j\leqslant 1$，$\sum\limits_{j=1}^{m}d_j=1$。

3.4.2.3　综合得分

计算不同年份喀斯特地区水资源系统的综合得分：

$$s_i=\sum_{j=1}^{m}\omega_j\cdot z_{ij}\ (i=1, 2, \cdots, n; \ j=1, 2, \cdots, m) \quad (3.5)$$

综合得分越高，水资源系统的状态相对越好。根据不同年份综合得分的大小变化来表征喀斯特地区水资源系统状态的年际变化情况。

3.4.3 喀斯特地区水资源系统诊断分析

3.4.3.1 喀斯特地区水资源系统影响因子的选取

采用 Spss 17.0 对相关数据用 $x^* = \dfrac{x - \min}{\max - \min}$ 归一化后，进行因子分析，选取含有 3 个因子的因子模型拟合原始数据，得到贵州省喀斯特地区水资源系统影响因子分析的旋转成分矩阵（表 3.2）。

表 3.2 贵州省水资源系统影响因子旋转成分矩阵

指标	人类活动	水量	脆弱性
平均每亩耕地化肥施用量/（kg/亩）	0.950	−0.006	0.267
废水排放总量/亿吨	0.977	0.091	−0.005
地表水资源量/亿 m³	0.265	0.867	−0.412
地下水资源量/亿 m³	0.059	0.986	−0.064
年平均降水量/亿 m³	0.221	0.943	−0.175
大中型水库蓄水量/%	0.958	0.110	−0.128
水利资金投入/亿元	0.863	0.301	0.340
GDP/万亿元	0.979	0.107	−0.032
工业产值/亿元	0.985	0.106	0.107
中度以上石漠化面积比/%	0.107	0.114	0.983

从因子载荷矩阵的结果来看，平均每亩耕地化肥施用量、废水排放总量、大中型水库蓄水量、水利资金投入、GDP 和工业产值在第一个公共因子上的载荷比较大，反映人类活动下水利工程对喀斯特地区水资源系统的驱动作用；经济发展对水资源承载力和水资源系统的质量状态的影响作用，可以解释为人类活动影响因子；年平均降水量、地表水资源量和地下水资源量反映喀斯特地区水资源系统的数量状态，可以解释为水量因子；中度以上石漠化面积比反映的是喀斯特地区生态环境的脆弱性，可以解释为水资源脆弱性因子。3 个因子对原始数据总方差的贡献率分别是 55.31%、31.83% 和 10.14%，累计贡献率达到 97.28%。喀斯特地区水资源系统因子分析碎石图如图 3.6 所示。

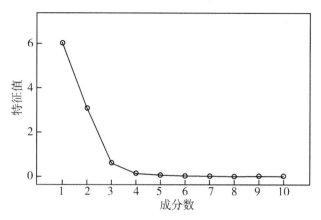

图 3.6　喀斯特地区水资源系统因子分析碎石图

（1）人类活动影响因子：大中型水库蓄水量和水利资金投入表征的是贵州省工程性供水的基本状态，是水利工程建设对水资源系统的调控。贵州省存在着严重的工程性缺水问题，加大水利工程建设和资金投入代表了对水资源系统的良性驱动，是对水资源安全利用进一步探讨不容忽视的重要因素。以 GDP 和工业产值为代表的承载力因子反映的是喀斯特地区水资源承载能力的大小。粗放型的产业方式和高速发展的经济形势都对贵州省的用水量和水资源利用效率提出了更高的挑战。近些年来，贵州省经济"后发赶超"，在保持经济跨越发展的前提下，优化产业结构，节能减排，提高用水效率，合理开发水资源是确保喀斯特地区水资源系统可持续发展的有效途径。以农业耕地化肥使用量和工业废水排放量为代表的工农业对水资源质量的影响，是喀斯特地区水资源系统的主要影响因子之一。伴随着人口增长、经济的发展和城市的扩张，工农业和生活用水量不断增加，废污水排放量增多，加之水资源保护滞后，贵州省水资源系统水质面临着较大压力。

（2）水量因子：年平均降水量、地表水资源量和地下水资源量是喀斯特地区水资源系统的主要影响因子。贵州省因其独特的岩溶地貌和亚热带季风气候影响，极易干旱缺水，气候要素的变化将引起水资源总量的变化及分布，这将对喀斯特地区水资源系统产生不可忽视的影响。因此，气候变化条件下水量的变化与水资源的安全利用之间的关系值得深入讨论和研究。

（3）水资源脆弱性因子：喀斯特地区生态环境容易遭受破坏且不容易恢复，随着石漠化的综合治理，抵抗水旱灾害的能力也得到了提升，水资源脆弱性保护是优化水资源安全利用的基础保证。

通过因子分析得出喀斯特地区水资源系统的主要影响因子，其中包括了人类活动对水资源质量和承载力状况的影响、工程性供水的保证、水资源数量和脆弱性的情况，能够比较全面地表征喀斯特地区水资源系统状况。

3.4.3.2　喀斯特地区水资源系统变化的诊断及分析

根据式（3.2）至式（3.4）计算得到 3 个因子的权重：人类活动因子
0.5638、水量因子 0.3083、脆弱性因子 0.101。喀斯特地区水资源系统 3 个因子
得分见表 3.3，将所得因子权重和因子得分代入式（3.5）计算得到 2001—2015
年各年份水资源系统的综合得分（表 3.4）。

表 3.3　喀斯特地区水资源系统因子得分矩阵

年份	人类活动	水量	脆弱性
2001	−0.89775	0.11439	−1.47471
2002	−1.12511	1.08191	−0.9824
2003	−0.69115	−0.33477	−1.576
2004	−0.70369	0.21313	−1.19288
2005	−0.82633	−0.43567	1.12074
2006	−0.65477	−0.81723	0.94161
2007	−0.72296	0.48497	1.3025
2008	−0.66146	1.03791	1.57244
2009	−0.22626	−0.60417	0.3808
2010	0.21973	−0.04382	0.45647
2011	0.74856	−2.16812	−0.19835
2012	0.88921	−0.0598	0.30748
2013	1.27108	−1.1985	−0.28155
2014	1.46444	1.72215	−0.23479
2015	1.91646	1.00763	−0.14135

表 3.4　喀斯特地区水资源系统综合得分

年份	2001	2002	2003	2004	2005	2006	2007	2008	2009	2010	2011	2012	2013	2014	2015
得分	−0.62	−0.40	−0.65	−0.45	−0.49	−0.53	−0.13	0.11	−0.28	0.16	−0.27	0.51	0.32	1.33	1.38
排名	14	10	15	11	12	13	7	6	9	5	8	3	4	2	1

从年际变化来看，喀斯特地区水资源系统整体状态在波动中表现出良好的发
展趋势，其中 2001、2003 和 2006 年得分较低，水资源系统状态低于平均水平，
2014 和 2015 年得分较高，水资源系统状态明显好转。15 年来，贵州省加大水利
投入，大力兴建各类水利工程项目，尽量缓解工程性缺水的压力，大中型水库蓄

水量和水利投入逐年增加。加强石漠化治理，使得石漠化面积有效减少。这些举措促使水资源系统状态良性发展。然而，随着经济的发展和人类活动的影响，耕地化肥的不合理使用，废水排放量的增加，给水资源系统造成了一定的压力。在2008 年状态相对好转后，2009 年和 2011 年又降低为平均水平之下，分析这应该是与这两个年份遭遇罕见旱灾有关，因此造成整体良性发展中的波动。

第4章 喀斯特地区水资源安全指标体系构建 及影响因素分析

贵州省是典型的喀斯特生态脆弱区，对研究区水资源安全进行评价是遏制生态环境恶化，消除贫困，保障区域经济快速平稳发展的重要基础。结合人工智能评价技术，构建适宜喀斯特地区的水资源安全评价指标体系，从而定量分析喀斯特地区水资源安全利用状况，揭示水资源安全的时间演变规律和空间分异特征，为区域可持续发展的水资源安全调控提供依据。

4.1 喀斯特地区水资源安全评价原则

4.1.1 科学性原则

水资源安全是理论问题与实践问题的结合。水资源安全评价指标的构建应以理论分析为基础，建立在科学合理分析的基础上，尽可能全面、完整、精确地反映水资源的属性。每一个指标都要客观反映研究区水资源安全的现状和变化趋势。指标的选取、权重设定，以及阈值确定等都需要具备相应的科学依据。

4.1.2 整体性原则

地形地貌、气候条件，以及人类活动等均是影响水资源安全的重要原因，在指标选取时必须考虑喀斯特地区水资源系统构成上的完整性，不能孤立地分析或研究各个影响因素。既要考虑水资源系统的一般性指标，又要考虑社会经济系统的影响，更要注重选取能够反映喀斯特地区水资源区域特征的指标。

4.1.3 与区域特征相匹配原则

水资源安全评价指标体系的建立和因子的选择要有针对性，应该具有喀斯特地区的区域环境特点和水资源系统的特殊性。喀斯特地区水资源安全评价指标既要体现该区域水资源总体现状，如缺水类型、紧缺程度、供水类型等，反映水资源可持续利用状况和开发利用的满意程度，又要考虑水量水质对经济和社会的保障程度、水资源与生态耦合程度等因素，充分考虑喀斯特地区地貌、生态、水资源、经济、社会的特殊性。

4.1.4　操作性与实用性兼备原则

指标体系的建立不能盲目追求指标多、指标全，要选取那些稳定性强、易获得、相关性好、能够较好反映水资源安全的指标。在实际操作应用中，必须考虑数据和相关信息的可获得性，尽可能多地利用现有的经过筛选鉴别的统计数据进行加工处理。指标体系过于冗杂会降低其可操作性，对于作用不显著的指标要进行精减。

4.1.5　主观选择与客观筛选相结合原则

对水资源安全的评价，需要尽可能从指标库中选出代表性最强的指标，并归入要求的指标体系中，将作用效果不显著的指标排除在外。在研究中，可以依据主观经验选择有代表性的指标建立初级评价指标体系，再结合人工智能等方法实现指标的客观筛选，找到对水资源安全有较大影响的输入项。

4.2　喀斯特地区水资源安全主要影响因素分析

4.2.1　初级评价指标选择

水资源安全是一个开放的、相互关联的生态安全系统。因此，须将水资源安全看成一个有机整体，从系统的角度对其进行研究。通过对水资源安全内涵及喀斯特地区水资源系统的诊断分析，我们将水资源安全系统分为 5 个子系统：水质子系统、水量子系统、工程性缺水子系统、水资源脆弱性子系统和水资源承载力子系统。这 5 个子系统的共同联动、交互作用、相互影响构成了处于动态变化中的水资源安全系统。为实现水资源总体安全，每一个子系统应该达到各自的安全状态，同时必须通过各系统间的良性互动，最终实现最高层次的水资源安全。从喀斯特地区水资源安全的内涵出发，首先建立初级评价指标体系，指标的选取从水资源质量和数量、区域属性、供应、生态效益和社会经济效益的保证 5 个方面加以分析，其结构如图 4.1 所示。

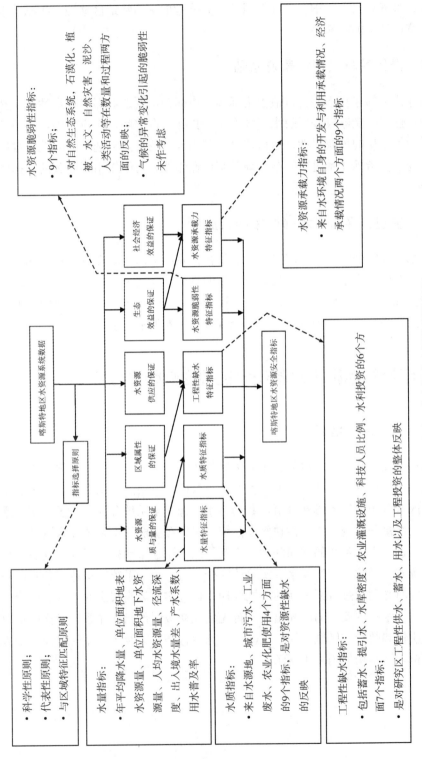

图4.1 喀斯特地区水资源安全评价指标框架

结合喀斯特地区水资源实际，以人均用水量为因变量衡量水资源安全的状态，以 5 个子系统联合反映喀斯特地区水资源安全的整体属性，建立一个较全面的、有层次性的初级指标体系（表 4.1）。

表 4.1　喀斯特地区水资源安全初级指标

目标层 A	准则层 B	指标层	单位	释义
喀斯特地区水资源安全 A	水质 B_1	X_1 城市污水处理率	％	反映对水资源质量安全的响应
		X_2 河流水质达标率	％	反映水资源质量安全
		X_3 水功能区达标率	％	反映水资源质量安全
		X_4 水污染事故	次	反映人类活动造成环境污染程度的指标
		X_5 工业废水 COD 排放强度	万吨	反映随经济发展造成环境污染程度的指标
		X_6 工业废水排放达标率	％	反映废污水排放对水环境的直接影响
		X_7 工业固废综合利用率	％	反映水资源质量安全
		X_8 单位耕地化肥使用量	kg/(hm² · a)	反映农业对水资源质量的影响
		X_9 废水排放总量	亿吨	反映随经济发展造成环境污染程度的指标
	水量 B_2	X_{10} 年平均降水量	mm	反映水资源量的指标
		X_{11} 单位面积地下水资源量	万 m³/km²	反映地下水资源可利用性的大小
		X_{12} 人均水资源量	m³/人	反映水资源量的人口分配状况
		X_{13} 单位面积地表水资源量	万 m³/km²	反映水资源地均状态
		X_{14} 径流深度	mm	反映流域水资源量的状态
		X_{15} 出入境水量差	亿 m³	反映地表水的净余程度
		X_{16} 产水模数	万 m³	反映地区单位国土面积蕴藏水资源量

目标层 A	准则层 B	指标层	单位	释义
		X_{17} 用水普及率	%	反映饮用水安全的指标
	工程性缺水 B_3	X_{18} 提、引工程供水比重	%	反映岩溶地区对水资源开发利用的难度
		X_{19} 大中型水库蓄水率	%	反映主要水利工程的蓄水能力与效益
		X_{20} 农田灌溉设施满足率	%	反映农田水利设施对农业用水的保障程度
		X_{21} 大中型水库密度	个/万 km^2	反映工程供水的能力
		X_{22} 环境、水利人员拥有率	%	反映水利、水资源管理的能力
喀斯特地区水资源安全 A		X_{23} 有效灌溉面积占耕地面积比例	%	反映农田水利建设的指标
		X_{24} 水利投资占 GDP 比重	/%	反映管理资金的充足性
	水资源脆弱性 B_4	X_{25} 水土流失面积比率	%	反映水资源与生态环境耦合负面效应程度
		X_{26} 岩溶灾害发生次数	次	反映水资源与生态环境耦合负面效应程度
		X_{27} 输沙模数	吨/km^2	反映降水产汇流过程中土壤侵蚀状况
		X_{28} 植被覆盖率	%	反映地表蓄水能力的大小
		X_{29} 中度以上石漠化面积比	%	反映裸露地表对降水调配的潜在影响
		X_{30} 生态用水率	%	反映生态系统对水资源的需求程度
		X_{31} 人均粮食产量	kg	反映农业生产比重
		X_{32} 水旱灾害损失占 GDP 比重	%	反映水资源与经济发展耦合负面效应程度
		X_{33} 城镇化率	%	反映区域发展对水资源安全的压力

续表

目标层 A	准则层 B	指标层	单位	释义
	水资源承载力 B_5	X_{34} 水资源利用率	%	反映人类活动对水资源开发利用程度
喀斯特地区水资源安全 A		X_{35} 地下水开发利用程度	%	反映地下水开发利用的程度
		X_{36} 地表水开发利用程度	%	反映地表水供水的保证程度
		X_{37} 地下水供水比例	%	反映地下水供水的保证程度
		X_{38} 农业用水率	%	反映农业用水对水资源数量的压力
		X_{39} 万元 GDP 耗水量	m^3/万元	反映水资源消费水平和节水降耗状况
		X_{40} 万元工业产值用水量	m^3/万元	反映工业用水对水资源数量的压力
		X_{41} 万元农业产值用水量	m^3/万元	反映农业用水对水资源数量的压力
		X_{42} 农业灌溉单位面积用水量	m^3/亩	反映农业用水对水资源数量的压力

4.2.2 MIV－BP 模型构建

4.2.2.1 MIV－BP 模型原理

对水资源安全的评价，需要尽可能从指标库中选出代表性最强的指标，并归为要求的指标体系中，将作用效果不显著的指标排除在外。平均影响值 MIV (Mean Impact Value) 被认为是在神经网络中评价各指标之间相关性的最好算法之一（史峰等，2013）。MIV 能反映输入神经元对输出神经元影响的大小，绝对值大小表示影响的重要性，符号表示相关方向。因此，针对目前水资源安全评价指标的选定较为主观的问题，本研究应用 BP 神经网络模型和 MIV 算法，找到对水资源安全有较大影响的输入项，避免单纯定性或粗略定量分析的不足，继而借助 MIV 值的大小分析各指标影响程度的变化趋势。

首先对 BP 神经网络进行网络训练，仿真输出。训练完成后，将训练样本 P 中每一个自变量在其原值的基础上分别加和减 10% 构成两个新的训练样本 P_1 和

P_2，将 P_1 和 P_2 分别作为仿真样本，利用已建成的网络进行仿真，得到两个仿真结果 A_1 和 A_2，计算 A_1、A_2 的差值，即为变动该自变量后对输出因变量产生的影响变化值（Impact Value，IV）。由 IV 值按观测例数平均得出该自变量对于因变量预测输出的平均影响值（MIV），按照上述步骤依次算出各个自变量的 MIV 值，最后根据 MIV 绝对值的大小对各变量进行排序，从而判断出输入参数对于网络输出变量的影响程度。

4.2.2.2 MIV—BP 网络训练

设定网络的输入神经元个数为 42，输出神经元个数为 1，经过训练对比得出隐含层神经元个数为 7 时网络误差最小，因此神经网络结构设定为 42—7—1 的三层神经网络。最大训练次数设定为 5000，学习速率设定为 0.05，目标误差设定为 0.0001。

创建网络：net = newff（minmax（p），[7，1]，{'tansig'，'purelin'}，'traingdm'）；网络的目标输出为 IV 值。对输入输出数据进行归一化处理后，BP 神经网络训练过程如图 4.2 所示。由图 4.2 可以看出，只经过 7946 次训练，神经网络误差已经达到目标误差 0.0001，误差结果满足训练要求。

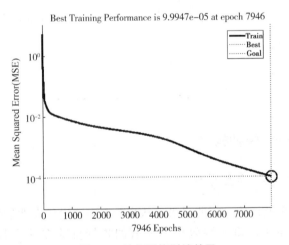

图 4.2 神经网络训练效果

由图 4.3 和图 4.4 可知，均方差的值都非常接近 1，因此该神经网络对于训练数据有非常好的拟合度，经过训练后的网络对训练数据的预测效果较好。

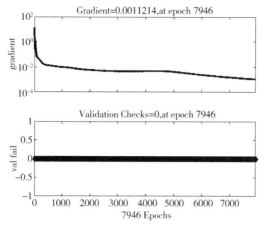

图 4.3　神经网络训练参数

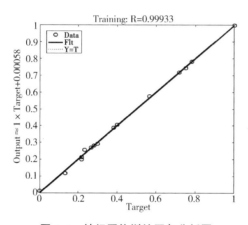

图 4.4　神经网络训练回归分析图

根据训练好的 BP 神经网络仿真预测数据的输出结果，计算 MIV 值。

4.2.3　喀斯特地区水资源安全指标 MIV－BP 模型计算结果

各指标对喀斯特地区水资源安全的影响重要程度依其绝对值大小进行排序，如表 4.2 所示。

表 4.2　喀斯特地区水资源安全影响指标 MIV 值及排序

指标	MIV 值	排序
X_{20} 农田灌溉设施满足率	−0.0218	1
X_{35} 地下水开发利用程度	−0.0212	2

指标	MIV 值	排序
X_{32} 水旱灾害损失占 GDP 比重	−0.0199	3
X_8 单位耕地化肥使用量	0.0191	4
X_{40} 万元工业产值用水量	−0.0161	5
X_{33} 城镇化率	−0.016	6
X_{18} 提、引工程供水比重	−0.0151	7
X_{19} 大中型水库蓄水率	0.015	8
X_{13} 单位面积地表水资源量	0.0147	9
X_{26} 岩溶灾害发生次数	0.0138	10
X_{36} 地表水开发利用程度	0.0135	11
X_9 废水排放总量	0.0125	12
X_{25} 水土流失面积比率	−0.0116	13
X_6 工业废水排放达标率	−0.0111	14
X_{42} 农业灌溉单位面积用水量	−0.0107	15
X_{21} 大中型水库密度	−0.0106	16
X_4 水污染事故	0.0092	17
X_{37} 地下水供水比例	0.0091	18
X_{30} 生态用水率	−0.009	19
X_1 城市污水处理率	−0.0089	20
X_3 水功能区达标率	−0.0086	21
X_{23} 有效灌溉面积占耕地面积比例	−0.0084	22
X_{16} 产水模数	−0.008	23
X_{29} 中度以上石漠化面积比	−0.0079	24
X_{34} 水资源利用率	−0.0078	25
X_{41} 万元农业产值用水量	−0.0072	26
X_{12} 人均水资源量	0.007	27
X_{10} 年平均降水量	0.0068	28
X_{11} 单位面积地下水资源量	0.0066	29
X_{17} 用水普及率	−0.0066	30
X_{39} 万元 GDP 用水量	0.006	31

续表

指标	MIV 值	排序
X_{31} 人均粮食产量	0.0051	32
X_{38} 农业用水率	−0.0044	33
X_{14} 径流深度	0.0039	34
X_2 河流水质达标率	−0.0038	35
X_{28} 植被覆盖率	−0.0037	36
X_5 工业废水 COD 排放强度	0.0035	37
X_{22} 环境、水利人员拥有率	−0.002	38
X_{15} 出入境水量差	0.00097	39
X_{24} 水利投资占 GDP 比重	−0.00076	40
X_7 工业固废综合利用率	−0.00009	41
X_{27} 输沙模数	−0.00001	42

注：指标 MIV 值为"＋"表明对水资源安全偏离度增加有正向效应；反之，有负向效应。

4.2.4　基于 MIV－BP 模型的喀斯特地区水资源安全影响因素分析

4.2.4.1　喀斯特地区水资源安全的主要影响因素

在影响喀斯特地区水资源安全的诸多指标中，占有重要地位（MIV 绝对值大于 0.01）的指标分别为水质子系统：工业废水排放达标率、单位耕地化肥使用量和废水排放总量；水量子系统的单位面积地表水资源量；工程性缺水子系统：提、引工程供水比重、大中型水库密度、农田灌溉设施满足率和大中型水库蓄水率；水资源脆弱性子系统：水土流失面积比率、岩溶灾害发生次数、水旱灾害损失占 GDP 比重和城镇化率；水资源承载力子系统：地下水开发利用程度、地表水开发利用程度、万元工业产值用水量和农业灌溉单位面积用水量。MIV 绝对值越大，该影响指标对喀斯特地区水资源安全的作用程度越大，反之越小。根据 MIV 绝对值大小排序后的指标所在子系统可以看出，工程性缺水子系统对喀斯特地区水资源安全的影响最大，水资源承载力子系统和水资源脆弱性子系统的影响次之，水质子系统和水量子系统的影响较弱。

4.2.4.2　喀斯特地区水资源安全的阻碍影响因素

根据喀斯特地区水资源安全影响指标 MIV 值及其排序（表 4.2），本书着重分析对喀斯特地区水资源安全影响效果显著的前 16 个指标（MIV 值大于 0.01），其中单位耕地化肥使用量、大中型水库蓄水率、单位面积地表水资源量、岩溶灾害发生次数、地表水开发利用程度以及废水排放总量对水资源安全系统偏离度贡献显著，其每增加一个标准差单位，对水资源系统安全偏离度的正向贡献分别为 0.0191、0.015、0.0147、0.0138、0.0135 和 0.0125。这 6 个指标是近年来贵州省喀斯特地区水资源安全的主要阻碍因素。

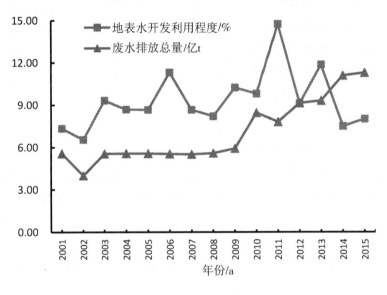

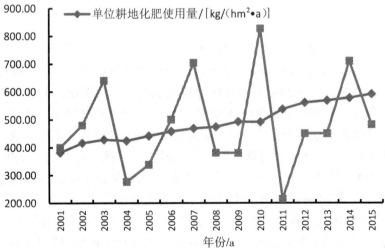

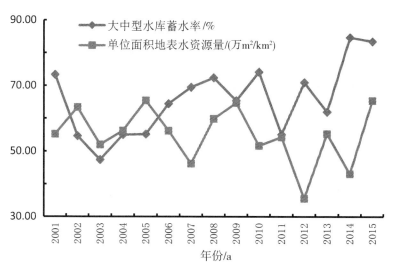

图 4.5　喀斯特地区水资源安全阻碍指标年际变化趋势

结合图 4.5 可以看出，这 6 项指标数据在波动中呈现不利于水资源安全的趋势。其中单位耕地化肥使用量逐年增加，从 2001 年的 381.75 kg/(hm² · a) 上升至 2015 年的 591.9 kg/(hm² · a)，耕地化肥的超标超量使用极易造成水体污染；废水排放总量从 2001 年的 5.57 亿 t 上升至 2015 年的 11.28 亿 t，给水资源安全造成越来越大的消极影响。岩溶灾害发生次数、地表水开发利用程度、大中型水库蓄水率和单位面积地表水资源量这几个因素波动较大或是在较低等级徘徊，这对水资源的合理开发和利用造成一定压力。制约研究区水资源安全利用的主要因素有农业耕种方式造成的水源污染，地表水开发利用的方式和效率，以及水利工程调蓄水能力。

4.2.4.3　喀斯特地区水资源安全的驱动影响因素

如图 4.6，2001—2015 年间，贵州省水旱灾害损失占 GDP 比重除 2008 年的大幅波动外，从 4.27% 下降到 0.7%，农业灌溉单位面积用水量、万元工业产值用水和水土流失面积比率逐年下降。农田灌溉设施满足率、城镇化率、工业废水排放达标率逐年提高。提、引工程供水比重在小幅波动中上升至 94.35%，大中型水库密度从 2001 年的 1.87 个/万 km² 发展到 2015 年的 5.22 个/万 km²。地下水开发利用程度下降至 2015 年的 1.06%。根据表 4.2，农田灌溉设施满足率、地下水开发利用程度、水旱灾害损失占 GDP 比重、万元工业产值用水量、城镇化率、提和引工程供水比重、水土流失面积比率、工业废水排放达标率、农业灌溉单位面积用水量和大中型水库密度共同构成了水资源系统安全的驱动因素。其每降低或增加 0.1 个标准差单位，对降低偏离度的贡献依次为 0.0218、0.0212、

0.0199、0.0161、0.016、0.0151、0.0116、0.0111、0.0107 和 0.0106。

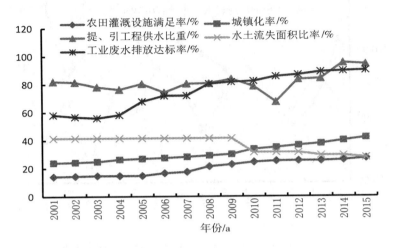

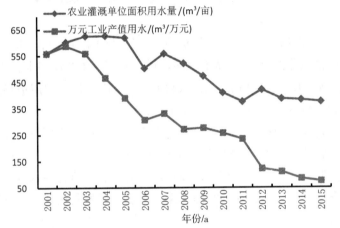

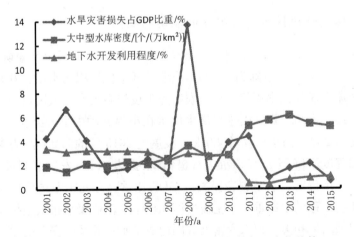

图 4.6　喀斯特地区水资源安全驱动指标年际变化趋势

4.2.4.4　喀斯特地区水资源安全影响因素动态变化分析

汇总计算喀斯特地区水资源安全影响因素年际 MIV 值（表 4.3），观察各指标影响程度的变化趋势。

喀斯特地区水资源安全影响阻碍指标和驱动指标的年际 MIV 值的绝对值变化如图 4.7 所示。

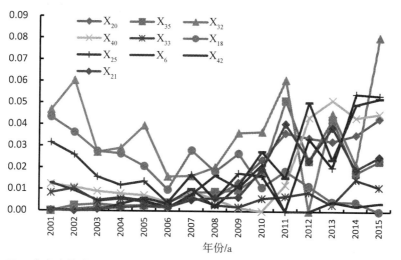

注：X_6 工业废水排放达标率；X_{18} 提、引工程供水比重；X_{20} 农田灌溉设施满足率；X_{21} 大中型水库密度；X_{25} 水土流失面积比率；X_{32} 水旱灾害损失占 GDP 比重；X_{33} 城镇化率；X_{35} 地下水开发利用程度；X_{40} 万元工业产值用水量；X_{42} 农业灌溉单位面积用水量

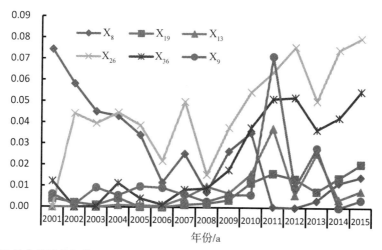

注：X_8 单位耕地化肥使用量；X_9 废水排放总量；X_{13} 单位面积地表水资源量；X_{19} 大中型水库蓄水率；X_{26} 岩溶灾害发生次数；X_{36} 地表水开发利用程度

图 4.7　喀斯特地区水资源安全主要影响指标年际 MIV 值的绝对值变化趋势

　　阻碍指标中，地表水开发利用程度和大中型水库蓄水率对喀斯特地区水资源安全影响程度越来越显著，岩溶灾害发生次数的影响程度呈现波动中逐年增强的趋势。单位耕地化肥使用量的影响呈下降趋势，单位面积地表水资源量指标的影响逐渐增强，在 2011 年达到顶峰，随后影响力波动较大。废水排放总量的影响变化不大，最大影响力出现在 2011 年，随后波动较大。驱动指标中，提、引工程供水比重和工业废水排放达标率指标的影响程度逐年减弱，农田灌溉设施满足率、万元工业产值用水量、地下水开发利用程度、农业灌溉单位面积用水量、水旱灾害损失占 GDP 比重、水土流失面积比和大中型水库密度这 7 个指标对水资源安全影响程度越来越显著，而城镇化率的影响趋于稳定。

表 4.3　喀斯特地区水资源安全影响因素年度 MIV 值

变量	2001	2002	2003	2004	2005	2006	2007	2008	2009	2010	2011	2012	2013	2014	2015
农田灌溉设施满足率	-0.00000	-0.00069	-0.00160	-0.00200	-0.00208	-0.00159	-0.00511	-0.00637	-0.01320	-0.02381	-0.03621	-0.03404	-0.03245	-0.03542	-0.04299
地下水开发利用程度	-0.00000	-0.00246	-0.00317	-0.00233	-0.00255	-0.00390	-0.00858	-0.00889	-0.00985	-0.01751	-0.05118	-0.02341	-0.04243	-0.01764	-0.02333
水旱灾害损失占 GDP 比重	-0.04664	-0.06026	-0.02716	-0.02909	-0.03946	-0.01595	-0.01624	-0.02031	-0.03623	-0.03677	-0.06080	0.00000	-0.04517	-0.02165	-0.08047
单位耕地化肥使用量	0.07438	0.05808	0.04505	0.04295	0.03405	0.01169	0.02527	0.00716	0.02654	0.03528	0.00031	0.00000	0.00322	0.01169	0.01447
万元工业产值用水量	-0.01232	-0.01085	-0.00903	-0.00800	-0.00729	-0.00417	-0.00911	-0.00548	-0.00157	0.00000	-0.01211	-0.04350	-0.05133	-0.04338	-0.04517
城镇化率	-0.00830	-0.01035	-0.00455	-0.00559	-0.00429	-0.00189	-0.00655	-0.00282	-0.00191	-0.00591	0.00691	-0.00880	-0.00311	-0.01477	-0.01121
提、引工程供水比重	-0.04335	-0.03626	-0.02754	-0.02651	-0.02076	-0.00989	-0.02810	-0.01834	-0.02672	-0.01104	-0.01862	-0.01171	-0.00457	-0.00433	0.00000
大中型水库蓄水率	0.00391	0.00198	0.00090	0.00423	0.00011	0.00000	0.00124	0.00183	0.00346	0.01171	0.01617	0.01363	0.00762	0.01399	0.02056
单位面积地表水资源量	0.00000	0.00000	0.00001	-0.00093	-0.00067	0.00062	-0.00434	-0.00992	-0.00677	-0.01575	-0.03735	-0.00593	-0.02560	-0.00380	-0.00785
岩溶灾害发生次数	0.00000	0.04409	0.03950	0.04456	0.03864	0.02182	0.04984	0.01543	0.03764	0.05452	0.06392	0.07585	0.05036	0.07452	0.07999
地表水开发利用程度	0.01220	0.00000	0.00026	0.01136	0.00409	0.00122	0.00838	0.00907	0.01770	0.03765	0.05136	0.05202	0.03676	0.04245	0.05486
废水排放总量	0.00604	0.00086	0.00919	0.00556	0.00979	0.00922	0.00608	0.00274	0.00593	0.00598	0.07133	0.00959	0.02808	0.00000	0.00355
水土流失面积比率	-0.03158	-0.02593	-0.01571	-0.01191	-0.01374	-0.00388	-0.01684	-0.00539	-0.01753	-0.01641	0.00000	-0.03361	-0.02024	-0.05436	-0.05358
工业废水排放达标率	-0.01283	-0.00938	-0.00495	-0.00616	-0.00486	-0.00154	-0.00770	-0.01644	-0.01082	-0.02157	0.00000	0.00000	-0.00439	-0.00245	-0.00382
农业灌溉单位面积用水量	-0.00081	-0.00000	-0.00020	-0.00320	-0.00596	-0.00345	-0.01016	-0.00209	-0.01169	-0.02765	-0.01549	-0.05037	-0.02396	-0.04947	-0.05224
大中型水库密度	-0.00018	0.00000	-0.00083	-0.00160	-0.00220	-0.00207	-0.00524	-0.0604	-0.00648	-0.01945	-0.04051	-0.02354	-0.03876	-0.01924	-0.02535

4.3 喀斯特地区水资源安全评价指标体系构建

根据 MIV−BP 模型的原理，MIV 绝对值越大，则该影响指标对喀斯特地区水资源安全的作用程度越大，反之越小。因此，根据 MIV 值找到对结果有较大影响的输入项，将作用不显著的指标排除在外，从而在喀斯特地区水资源安全初级评价指标中实现 MIV−BP 神经网络模型的变量筛选。根据表 4.2 的计算结果，选取 MIV 绝对值较大的指标构建评价指标体系。本书选取 MIV 绝对值大于0.006 的前 31 个指标，构建喀斯特地区水资源安全评价指标体系。

4.4 喀斯特地区水资源安全等级划分及指标阈值确定

根据国内外有关标准及相关文献（张凤太等，2012，2015），将评价指标划分为 5 个等级，定性描述为：极不安全、不安全、临界安全、较安全、安全，分别用 Ⅰ 级、Ⅱ 级、Ⅲ 级、Ⅳ 级、Ⅴ 级表示。通过参考相关学者的研究成果，以及国家、行业和地方的环境质量标准、背景等，结合贵州省水资源、经济、社会和生态系统的实际，确定各指标对应的等级阈值，见表 4.4。

表 4.4　喀斯特地区水资源安全评价指标等级划分

目标层 A	准则层 B	指标层 C	级别				
			极不安全 Ⅰ级	不安全 Ⅱ级	临界安全 Ⅲ级	较安全 Ⅳ级	安全 Ⅴ级
喀斯特地区水资源安全A	水质 B_1	城市污水处理率 C_1	<45	45~60	60~70	70~80	>80
		水功能区达标率 C_2	<50	50~60	60~70	70~80	>80
		水污染事故次数 C_3	>15	10~15	6~10	2~6	<2
		工业废水排放达标率 C_4	<60	60~70	70~80	80~90	>90
		单位耕地化肥使用量 C_5	>500	400~500	300~400	200~300	<200
	水量 B_2	废水排放总量 C_6	>10	7~10	4~7	1~4	<1
		年平均降水量 C_7	<300	300~800	800~1200	1200~2000	>2000
		单位面积地下水资源量 C_8	<5	5~10	10~20	20~50	>50
		人均水资源量 C_9	<500	500~1500	1500~2500	2500~3000	>3000
		单位面积地表水资源量 C_{10}	<50	50~100	100~150	150~200	>200
		产水系数 C_{11}	<0.2	0.2~0.4	0.4~0.6	0.6~0.8	>0.8
		用水普及率 C_{12}	<60	60~70	70~80	80~90	>90

续表

目标层 A	准则层 B	指标层 C	级 别				
			极不安全 Ⅰ级	不安全 Ⅱ级	临界安全 Ⅲ级	较安全 Ⅳ级	安全 Ⅴ级
喀斯特地区水资源安全 A	工程性缺水 B₃	提、引工程供水比重 C_{13}	<60	60～70	70～80	80～90	>90
		大中型水库蓄水率 C_{14}	<50	50～65	65～70	70～85	>85
		农田灌溉设施满足率 C_{15}	<20	20～40	40～60	60～80	>80
		大中型水库密度 C_{16}	<2	2～4	4～6	6～8	>8
		有效灌溉面积占耕地面积比例 C_{17}	<30	30～40	40～50	50～60	>60
	水资源脆弱性 B₄	水土流失面积比率 C_{18}	>50	30～50	20～30	10～20	<10
		岩溶灾害发生次数 C_{19}	>800	600～800	400～600	200～400	<200
		中度以上石漠化面积比 C_{20}	>40	30～40	20～30	10～20	<10
		生态用水率 C_{21}	<1	1～2	2～3	3～5	>5
		水旱灾害损失占 GDP 比重 C_{22}	>5.5	4～5.5	2.5～4	1～2.5	<1
	水资源承载力 B₅	城镇化率 C_{23}	<25	25～35	35～50	50～60	>60
		水资源利用率 C_{24}	>50	30～50	20～30	10～20	<10
		地下水开发利用程度 C_{25}	>10	7.5～10	5～7.5	2.5～5	<2.5
		地表水开发利用程度 C_{26}	>50	35～50	20～35	10～20	<10
		地下水供水比例 C_{27}	>20	15～20	10～15	5～10	<5
		万元 GDP 用水量 C_{28}	>400	300～400	200～300	100～200	<100
		万元工业产值用水量 C_{29}	>320	220～320	120～220	20～120	<20
		万元农业产值用水量 C_{30}	>2000	1500～2000	1000～1500	500～1000	<500
		农业灌溉单位面积用水量 C_{31}	>1300	900～1300	600～900	300～600	<300

第5章 喀斯特地区水资源安全时空动态变化分析

水资源安全的评价是确保水资源可持续利用，保障区域经济和水资源协调发展的基础工作。构建人工神经网络组合模型，以定量分析水资源利用的安全态势，揭示典型喀斯特地区贵州省水资源安全的时间演变规律和空间分布特征，有助于我们认清水环境现状及其变化发展趋势，为研究区水资源可持续发展调控对策的制定提供依据。

5.1 喀斯特地区水资源安全时间序列评价

5.1.1 GA－BP 模型构建

5.1.1.1 评价方法

人工神经网络具有广泛的自适应性和学习能力，在理论上可以逼近任何非线性函数，是国际上非常活跃的前沿研究领域之一，在生态安全问题研究中将被广泛采用（袁曾任，1999；Zelin Liu et al，2010）。它通过对有代表性的样本自学习、自适应，能够掌握事物的本质特征，有效解决水资源系统中的非线性模糊问题，从而避开其他方法寻求水资源与社会经济系统之间耦合关系的困难，对水资源安全易于做出客观正确的评价。

BP 神经网络模型，即误差反向传播网络（Back Propagation Network，简称 BP 网络），是一种非线性映射人工神经网络。该网络的主要特点是信号前向传递，误差反向传播。在前向传递中，输入信号从输入层经隐含层逐层处理，直至输出层。每一层的神经元状态只影响下一层的神经元状态。如果输出层得不到期望输出，则输入反向传播，根据预测误差调整网络权值和阈值，从而使 BP 神经网络的预测输出不断逼近期望输出。

分析水资源安全利用的影响因子，将其作为 BP 网络的输入，每一个影响因子对应 BP 网络输入层的一个节点，将识别问题的结果作为网络输出，输入层和输出层节点数目依具体问题的性质而定。当 BP 网络的结构确定后，用该网络对样本进行一系列的监督学习，从而识别出类别与影响因子之间复杂的非线性映射关系。该模型自主学习的特性能够减少设计者对先验知识的依赖，降低模型的主观性，计算速度快。

目前，BP 人工神经网络已在水环境质量评价（Chebud et al，2012；Yang Fang，Wang Meng，2012）、水质评价（Najah et al，2013；Singh et al，2009）、土地生态安全评价（Mazzocchi et al，2015）、水环境承载力评价（Peng，2011）等方面得到了广泛应用，但是在使用过程中，BP 神经网络也存在着一定的缺陷：①隐含层神经元个数的确定没有绝对准确的方法，一般通过试错获得，会造成网络的冗余性，增加网络学习的负担。②BP 神经网络的初始权重是随机设置的，容易陷入局部最优解。因此，这种方法还需要进一步的完善。

遗传算法（GA，Genetic Algorithm）通过借鉴自然界进化规律，遵循"优胜劣汰""适者生存"的原则，是经过繁殖、交叉和变异等遗传操作，概率化的搜索最优解的方法。它能够自动获取和优化搜索空间，调整搜索方向。参数编码、初始群体的设定、适应度函数的设计、遗传操作的设计、控制参数的设定共同构成了遗传算法的主要内容。

遗传算法克服了传统优化算法容易陷入局部最优解的弊端，是一种全局优化搜索算法。它与神经网络算法相结合已广泛应用于各个领域，取得了良好效果，并成为重要的智能算法之一（杨梅等，2009；崔东文，2014）。遗传算法可以得到优化的神经网络权重这一特性，正好弥补了 BP 神经网络初始权重随机设置的缺陷。本书采用 GA－BP 神经网络组合模型（遗传算法优化的 BP 神经网络模型），选取 2001—2015 年贵州省水资源安全的时间序列数据，对喀斯特地区水资源安全进行综合评价。GA－BP 神经网络模型流程如图 5.1。

5.1.1.2　模型构建

（1）BP 人工神经网络模型的构建及实现。

典型的贵州省喀斯特地区水资源安全评价，选用 3 层 BP 神经网络，即 1 个输入层，1 个隐含层，1 个输出层。其中，输入神经元个数为 31 个，输出神经元个数为 1 个。隐含层神经元个数根据经验公式 $n_1 = \sqrt{n+m} + \alpha$ 和 $n_1 = \log_2 n$（n，m 分别为输入层与输出层的神经元个数，α 为 1～10 之间的常数）确定（图 5.1）。通过构造不同隐含层节点数的网络结构对比得隐含层节点数为 12，建立 31 个输入节点、12 个中间节点和 1 个输出节点的 31—12—1 结构的 BP 网络模型。先对样本进行归一化处理，$x_{ij} = \dfrac{X_{ij} - X_{\min}}{X_{\max} - X_{\min}}$。以每年的数据为 1 个样本，样本数为 $i=1$，2，…，15，指标数为 $j=1$，2，…，31。

BP 神经网络选用的是 Logistic 激活函数，多目标输出。设置 BP 神经网络学习率 0.6，动量 0.1，最大迭代次数 10000，迭代到收敛。选用模型测试集的均方

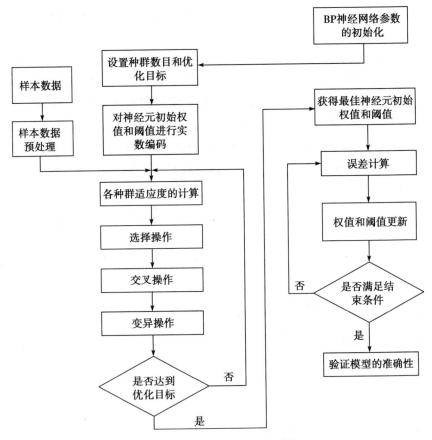

图 5.1 GA—BP 神经网络流程

误差（MSE）的大小评价模型性能，MSE 越小越好。本次神经网络 31 个指标划分为 5 个等级，每个等级随机取 10 个样本，总共 50（即 10×5）个样本，取 80% 的数据训练 BP 神经网络，其余 20% 的数据作为测试集。设定用于训练的各级样本的目标输出分别为：Ⅰ级极不安全 0～0.8，Ⅱ级不安全 0.8～1.6，Ⅲ级临界安全 1.6～2.4，Ⅳ级比较安全 2.4～3.2，Ⅴ级安全 3.2～4。

（2）模型的改进及实现。

本研究采用 Python 软件编程，利用遗传算法改进和优化 BP 神经网络训练的权值和阈值。设置种群大小 20，变异概率 0.1，迭代 10000 次，得到的网络传递给 BP 神经网络，再进行下一步训练。

ga＝GA（ds. evaluateModuleMSE，net _ ga，minimize＝True，population-Size＝20，

topProportion＝0.2，elitism＝False，eliteProportion＝0.25，mutationProb＝0.1，mutationStdDev＝0.2，tournament＝False，tournamentSize＝2）。

通过表 5.1 比较均方误差，可以发现遗传算法能够有效提高评价结果的精确度。因此，本书应用 GA－BP 神经网络对喀斯特地区水资源安全进行评价。将训练样本输入已构建好的 GA－BP 神经网络进行反复训练，当误差迭代 10000 次后，误差为 0.0027，满足误差要求。水资源安全 GA－BP 神经网络模型及训练结果可靠，可以投入使用。

表 5.1　BP 模型和 GA－BP 模型评价结果均方误差（MSE）对比

	综合评价 MSE	水质子系统 评价 MSE	水量子系统 评价 MSE	工程性缺水子 系统评价 MSE	水资源脆弱性 子系统评价 MSE
BP 模型	0.0084	0.0253	0.0144	0.0225	0.0177
GA－BP 模型	0.0027	0.0112	0.0097	0.0147	0.0092
MSE 下降比例	67.7%	55.7%	32.1%	34.76%	47.8%

5.1.2　时间序列评价结果

将贵州省喀斯特地区水资源安全评价指标数据进行归一化处理后，输入训练好的 GA－BP 神经网络进行检验，对水资源总体安全，以及水质、水量、工程性缺水、水资源脆弱性和水资源承载力 5 个子系统，分别构建出 BP 神经网络模型。各参数如表 5.2 所示。

表 5.2　喀斯特地区水资源安全评价模型

系统	GA－BP 神经网络结构
总体安全	(31, 12, 1)
水质安全	(6, 5, 1)
水量安全	(6, 5, 1)
工程性缺水安全	(5, 5, 1)
水资源脆弱性安全	(6, 5, 1)
水资源承载力安全	(8, 6, 1)

GA－BP 模型的喀斯特地区水资源安全网络输出值及分级评价结果见表 5.3。

表 5.3 GA—BP 模型的喀斯特地区水资源安全评价结果

序号	年份	GA—BP 模型输出值	GA—BP 模型评价	GA—BP 模型评价结果
1	2001	1.5935	Ⅱ	不安全
2	2002	1.5654	Ⅱ	不安全
3	2003	1.2889	Ⅱ	不安全
4	2004	1.4308	Ⅱ	不安全
5	2005	1.5976	Ⅱ	不安全
6	2006	1.5882	Ⅱ	不安全
7	2007	1.7027	Ⅲ	临界安全
8	2008	1.8760	Ⅲ	临界安全
9	2009	1.7870	Ⅲ	临界安全
10	2010	1.8125	Ⅲ	临界安全
11	2011	1.5768	Ⅱ	不安全
12	2012	2.0831	Ⅲ	临界安全
13	2013	1.6648	Ⅲ	临界安全
14	2014	2.0533	Ⅲ	临界安全
15	2015	2.1509	Ⅲ	临界安全

GA—BP 模型的喀斯特地区水资源安全子系统评价结果见表 5.4。

表 5.4 GA—BP 模型的喀斯特地区水资源安全子系统评价结果

子系统	年 份														
	2001	2002	2003	2004	2005	2006	2007	2008	2009	2010	2011	2012	2013	2014	2015
水质	Ⅰ	Ⅰ	Ⅰ	Ⅰ	Ⅰ	Ⅰ	Ⅰ	Ⅰ	Ⅰ	Ⅰ	Ⅱ	Ⅲ	Ⅲ	Ⅲ	Ⅳ
水量	Ⅲ	Ⅲ	Ⅲ	Ⅲ	Ⅲ	Ⅲ	Ⅲ	Ⅱ	Ⅱ	Ⅱ	Ⅱ	Ⅱ	Ⅱ	Ⅲ	Ⅲ
工程性缺水	Ⅰ	Ⅰ	Ⅰ	Ⅰ	Ⅰ	Ⅰ	Ⅰ	Ⅰ	Ⅰ	Ⅱ	Ⅱ	Ⅱ	Ⅲ	Ⅲ	Ⅳ
水资源脆弱性	Ⅰ	Ⅰ	Ⅰ	Ⅰ	Ⅰ	Ⅰ	Ⅰ	Ⅰ	Ⅰ	Ⅱ	Ⅱ	Ⅱ	Ⅱ	Ⅲ	Ⅲ
水资源承载力	Ⅲ	Ⅲ	Ⅲ	Ⅲ	Ⅳ	Ⅳ	Ⅳ	Ⅳ	Ⅳ	Ⅳ	Ⅳ	Ⅳ	Ⅳ	Ⅳ	Ⅳ

5.1.3 时间演变规律分析

5.1.3.1 贵州省水资源总体安全的时间演变规律

喀斯特地区水资源安全时间序列评价结果见表 5.3 和图 5.2。结果表明，从水资源总体安全来看，2001—2015 年贵州省喀斯特地区水资源安全有明显增强的趋势。截至 2015 年，水资源承载力子系统安全性最高，而水量子系统安全性较弱。其中 2001—2006 年贵州省喀斯特地区水资源处于不安全状态，整体处于稳定中略有缓解态势。2007—2015 年（2011 年除外）缓解为临界安全，但在 2009 年和 2013 年状态略有下降，2011 年恶化为不安全状态。这一时期研究区的水资源安全在波动中呈现"缓解—加重—稳定"的趋势。

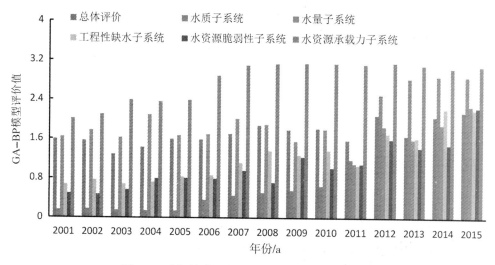

图 5.2　喀斯特地区水资源安全时间序列评价变化

　　这是由于 2001—2006 年期间，贵州省工业化快速发展，水利等基础设施工程建设突飞猛进，水土流失、荒漠化和水资源污染问题逐渐得到重视，大力提倡退耕还林和开展石漠化综合治理。在水资源高度消耗的同时，表征环境和水资源因素的各项指标逐渐好转。但是，由于贵州地处一隅，受经济条件限制，多年来基础设施薄弱，石漠化和水土流失严重，城市污水处理设施和水利工程设施建设滞后，环境污染防治工作薄弱（如工业废水排放达标率低，城市污水处理率不高），等等，这些原因造成贵州省的水资源安全利用起点低，虽然逐年改善缓解，但仍始终处于不安全状态，水资源安全形势依然严峻。

　　贵州省水资源在 2007 年达到临界安全状态后，2009 年和 2013 年略有下降，勉强维持在临界安全，而 2011 年恶化为不安全状态。这是因为在 2009—2011 年间贵州省遭遇了百年一遇的特大旱灾，2013 年再次遭遇特大旱灾。从单个指标提供的分异信息来看，城市污水处理率、提和引水工程供水比例、水功能区达标率、工业废水排放达标率、地下水开发利用程度及大中型水库密度呈现逐年上升趋势或处于较高等级。农业灌溉单位面积用水量、中度以上石漠化面积、万元 GDP 用水量和万元工业产值用水量几个指标值逐年下降。而且其中部分指标

（万元工业产值用水量、农业灌溉单位面积用水量和大中型水库密度）根据前文的研究显示，其对水资源安全影响程度越来越显著。这些都对研究区水资源安全利用有着重要贡献。虽然遭遇百年一遇的干旱，水资源量的指标呈现负向影响，但是与此同时，在干旱年份贵州省加强开源节流，提高水资源的利用率，积极抗旱，在一定程度上抵消了水资源量的减少带来的影响，使得研究区的水资源勉强维持在临界安全状态。这与文前的研究结论（工程性缺水子系统、水资源承载力子系统和水资源脆弱性子系统的影响大于水质子系统，而水量子系统对喀斯特地区水资源安全的影响较弱）相符合。可见，经济发展模式和环境生态的保护、污染的控制和基础水利设施的完善是保证喀斯特地区水资源安全利用的前提，而且有利于积极应对异常气候变化对水资源利用的影响。贵州省 2001—2015 年水资源安全总体评价指数年际变化如图 5.3 所示。

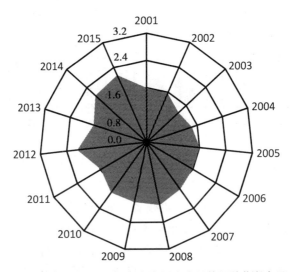

图 5.3　贵州省 2001—2015 年水资源安全总体评价指数年际变化

5.1.3.2　各子系统水资源安全时间演变规律

从水质子系统来看，2001—2010 年间处于极不安全状态，其主要原因是这一时期环保措施不足，意识薄弱，经济发展不断增加资源的污染和环境的恶化。从 2006 年开始，水质子系统的安全状态略有好转，直至 2011 年是迅猛提升时期。这是由于随着生态环境与经济发展矛盾的加剧，人们高度重视生态环境保护，使得生态效益在综合效益体系中的地位不断提升并成为其主体，而经济、社会效益逐渐成为生态效益的补充和实现形式。同时，政府也把环境保护和污染防治工作提高到战略位置，先后出台一系列政策和措施改善和保障水资源可持续发展。例如，2005 年实施《中华人民共和国水法》，2007 年出台《贵州省节能减排综合性工作方案》，2008 年审议《贵州省环境保护条例（草案）》，等等。贵州省加强垃圾填埋、污水处理等基础设施建设，这些政策和措施对贵州省水资源安全状态的改善起到了积极作用。可见，研究区水资源安全的状态受政府政策驱动效果比较明显，也验证了政策的有效性。

从水量子系统来看，在 2001—2015 年间水量子系统状态在不安全和临界安全之间呈不规则上下波动的趋势，水资源量的安全不容乐观。由人均水资源量、人口密度、单位面积、地表水资源量和单位面积地下水资源量等指标数据值可知，该区域近年来经济发展迅速，人口密度加大，但水资源开发利用难度大、利用率低、水土流失严重，加之极端气候频发带来降水、径流和气温的变化，水资源量的安全利用面临较大的压力。归根结底，在经济发展和人为干扰的压力，以及气候变化的影响下，贵州省水资源的量处于非均衡波动状态。这一结果与张凤太等人[16]的研究结论相吻合。贵州省水资源安全子系统评价指数年际变化如图5.4 所示。

从工程性缺水子系统来看，2001—2011 年间一直处于工程性缺水较为严重状态。其主要瓶颈：一是"山高水（河）低、雨多地漏"的喀斯特水文地质地貌条件易造成特有的"喀斯特干旱"现象，使湿润的贵州喀斯特地区成了"缺水区"；二是贵州喀斯特地区雨水多，但方便可利用的水资源少，由于拦水、蓄水和调水等水利工程布局不合理或者空间不足，造成缺乏灌溉条件，人畜饮水困难；三是传统中拦蓄供水模式不适合喀斯特地域特点，难以解决缺水问题。基于以上特点，贵州喀斯特地区成了"缺水区"，尤其"工程性缺水"已成为制约贵州喀斯特地区社会经济与生态协调发展的主要瓶颈。水利工程可以实现跨时间和空间的水资源调度，实现水资源的合理配置、高效利用和有效保护。

从水资源脆弱性子系统来看，过去的 15 年间，贵州省水资源脆弱性安全呈波动中上升趋势，从极不安全状态发展为不安全，直到 2015 年的临界安全状态。其脆弱性主要体现在生态脆弱性，主要受水土流失面积比率和石漠化面积比率影响，岩溶灾害发生频繁，水旱灾害损失较大（2008 年水旱灾害损失占 GDP 比重达 13.68%），水资源脆弱性危机仍然存在。喀斯特地区水资源的脆弱性不仅体现在气候变化对水资源系统造成的不利影响，还包括脆弱的生态环境对水资源系统的胁迫，导致其在气候异常变化和人类活动干扰下容易受到破坏。加强防灾减灾能力建设，积极应对气候变异，减轻极端天气如地质和洪涝等自然灾害对生态环境的影响，对研究区水资源安全利用有着重要的意义。

从水资源承载力子系统来看，贵州省水资源承载力已主要划分为三个阶段。第一阶段 2001—2005 年，是较为稳定的临界安全状态。这一阶段贵州省工业基础薄弱，虽然单位产值和农业灌溉耗水量较高，但总的需求不大，在水资源开发允许范围内，水资源利用效率高。第二阶段 2006—2012 年达到一个阶段性较安

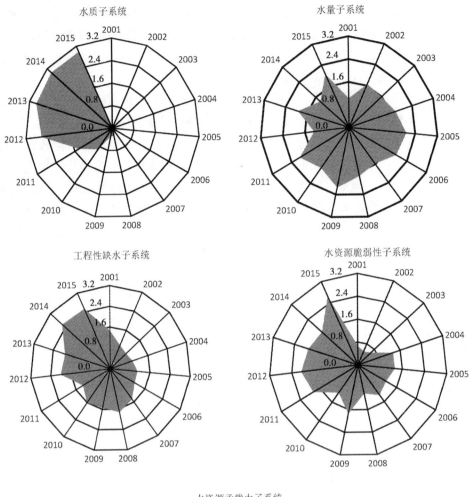

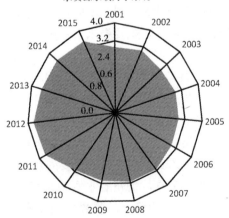

图 5.4　贵州省水资源安全子系统评价指数年际变化

全状态。伴随社会经济的发展，水资源利用率提高，水资源开发趋于合理，节水减排意识增强，水资源的承载力逐年提高。第三阶段 2013—2015 年，水资源承载力仍为较安全状态，但是略有下降趋势，这正是贵州经济飞速发展具有历史突破的时期，经济的迅速发展对水资源的承载状态产生消极影响，在未来阶段如何实现经济发展与生态环境的良性耦合应该引起重视。但是，我们也应注意到，贵州省的水资源未实现充分的开发利用，低于水资源承载力水平，还有进一步开发利用的潜力。

　　综上所述，喀斯特地区水资源安全是 5 个子系统共同作用的结果，水资源系统的安全性受到气候变化，如极端气候、气候变异的扰动，也有水资源供需矛盾、经济发展、人口压力的胁迫，这就要求水量、水质和承载力有较强的应对能力。根据本书 4.2.1 节的研究结论，工程性缺水子系统、水资源承载力子系统和水资源脆弱性子系统的影响大于水质子系统的影响，而水量子系统对喀斯特地区水资源安全的影响最弱。因此从综合结果来看，近几年气候变化下的降水量减少，对喀斯特地区水资源安全的影响不显著，与上述研究结果相一致。这也印证了现阶段贵州省喀斯特地区社会经济系统状况对水资源系统安全影响较大，对水资源的时空调度及合理开发利用等良性驱动，在某种程度上能够减弱气候变化带来的扰动影响。从工程性缺水和水资源承载力子系统的明显驱动作用可见，近些年来人类对水资源开发程度的调整和利用模式的转变，使水资源安全状态得到明显好转。然而，喀斯特地区水资源安全与水资源量的变化是否存在敏感性以及敏感程度，还需要做进一步的分析。

5.2　喀斯特地区水资源安全空间分异评价

5.2.1　模型构建

　　为了讨论贵州省水资源安全空间分异情况，依据表 4.4 构建的指标，建立各州市评价指标体系。由于数据可获得性的限制，对个别州市的指标进行了删减调整。根据 2001—2015 年间贵州省水文径流丰、平、枯水年情况，选取 2001—2002 年为平水年 1，2003—2006 年为偏枯水年，2007—2008 年为平水年 2，2009—2011 年为枯水年，2014—2015 年为平水年 3，根据各年份区间的平均数据，对贵州省 9 个州市构建 GA−BP 模型进行综合评价，从而探讨水文径流丰、平、枯水年研究区域各州市水资源安全所处的状态（表 5.5）。

表 5.5   贵州省水资源安全评价丰、平、枯代表年份划分

年份	水文径流
2001—2002	平水年 1
2003—2006	偏枯水年
2007—2008	平水年 2
2009—2011	枯水年
2014—2015	平水年 3

5.2.2   空间分异评价结果

将贵州省各州市水资源安全评价指标各年份区间的平均数据进行归一化处理后，输入训练好的 GA－BP 网络进行检验，网络输出分级评价结果见图 5.5 和表 5.6。

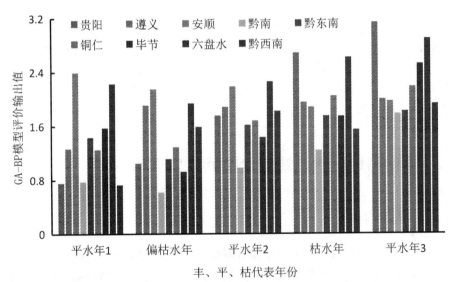

图 5.5   贵州省各州市水资源安全 GA－BP 模型评价结果

表 5.6   贵州省水资源安全空间分异评价结果

	平水年 1	偏枯水年	平水年 2	枯水年	平水年 3
贵阳	I	II	III	IV	IV
遵义	II	III	III	III	III
安顺	III	III	III	III	III

续表

	平水年 1	偏枯水年	平水年 2	枯水年	平水年 3
黔南	Ⅰ	Ⅰ	Ⅱ	Ⅱ	Ⅲ
黔东南	Ⅱ	Ⅱ	Ⅲ	Ⅲ	Ⅲ
铜仁	Ⅱ	Ⅱ	Ⅲ	Ⅲ	Ⅲ
毕节	Ⅱ	Ⅱ	Ⅱ	Ⅲ	Ⅳ
六盘水	Ⅲ	Ⅲ	Ⅲ	Ⅳ	Ⅳ
黔西南	Ⅰ	Ⅱ	Ⅲ	Ⅱ	Ⅲ

用 ArcGIS 软件作为实现工具，将贵州省各州市水资源安全属性数据输入，得到基于 GA－BP 模型的水资源安全等级分布情况（图 5.6）。

5.2.3　空间分异特征分析

贵州省各州市典型喀斯特地区的水资源安全评价结果表明（表 5.6、图 5.5），在研究所划分的丰、平、枯水年的 5 个时段内，贵州省各州市的水资源安全覆盖了Ⅰ、Ⅱ、Ⅲ、Ⅳ四个等级，没有Ⅴ等级，整体呈上升趋势。

从年际变化来看，各州市的水资源安全有着不同程度的改善和恶化，有"改善型""稳定型"和"波动型"。其中，贵阳、遵义、黔南、铜仁、毕节、六盘水和黔东南呈现不同程度的改善。安顺的水资源安全虽然都处于临界安全状态，基本稳定，但是从综合评价指数来看小范围内波动中呈现略微恶化趋势。对相关统计数据进行分析可以发现，安顺近年来经济发展迅速，人口密度增大，但水资源开发利用难度大、利用率低，水土流失严重，水资源的安全利用面临一定的压力。黔西南的水资源安全波动较大，从Ⅰ等级改善至Ⅲ等级，在 2009—2011 年的枯水年份时段降为Ⅱ等级，随后略有好转升为Ⅲ等级。从历史统计来看，2011 年黔西南是西南大旱中最为严重的州市之一，全年降水量仅为 725.1 mm，比多年平均降水量减少 43.1%。

从空间分布来看，同一时期不同州市的水资源安全利用有明显的差异。过去的 15 年里，黔南的水资源安全一直是全省最为薄弱的地区。一直以来，黔南石漠化严重，自然灾害频繁，城市化水平较为落后，经济发展缓慢，水利工程设施滞后，生态服务功能退化明显，人类活动对水环境影响较为严重，水环境的自我恢复和抵抗外界干扰能力较弱，存在水资源安全隐患。贵阳、毕节和六盘水在 2015 年年末水资源安全等级为比较安全。这是因为贵阳经济相对发达，生态保护意识较强，节水、用水和治污管理意识强，水资源开发规模小，利用效率高，城市污水处理与废水回收等水利基础建设相对完善，因此水资源有一定的安全利

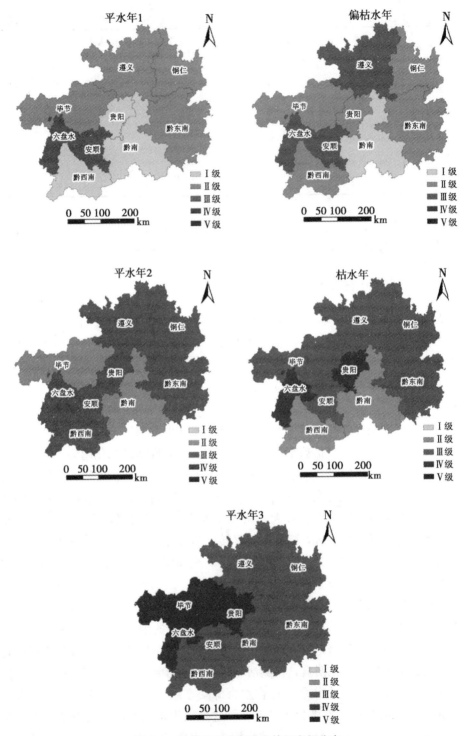

图 5.6   贵州省水资源安全等级空间分布

用空间。毕节在近 20 年，特别是 2008 年实施全国石漠化综合治理试点工程后，大力实施退耕还林，封山育林与自然保护区保护，水土保持与基本农田建设，生态旅游与特色产业指导，因地制宜，找到了一条适合不同石漠化区域的生态修复技术路径。这些在一定程度上提高了全市的水资源安全建设与维护水平，缓解了水资源压力。六盘水加强城镇污水和垃圾处理等环保基础设施建设，强化重点流域治污管理，使得水污染治理初见成效。通过退耕还林、封山育林、石漠化治理，切实提高森林覆盖率，同时加强耕地和基本农田保护，加大农田改良和修复力度，这些举措使得水资源安全建设卓有成效。

从变化幅度来看，贵阳＞毕节＞黔东南＞黔南＞黔西南＞铜仁＞六盘水＞遵义＞安顺。其中，贵阳的水资源安全改善最为明显，从 2001—2002 年的极不安全，发展为 2015 年年末的较安全状态。贵阳市人口密集，城镇率逐年提高，人居环境较好，水利工程设施不断完善，城市污水处理和垃圾处理条件较好，经济发展迅速，产业结构不断优化。当地对水资源的开发利用逐渐趋于合理，水环境系统有一定的自我恢复和抗干扰能力。变化幅度最小的安顺虽然一直处于临界安全状态，但是却呈现略微下降的趋势。

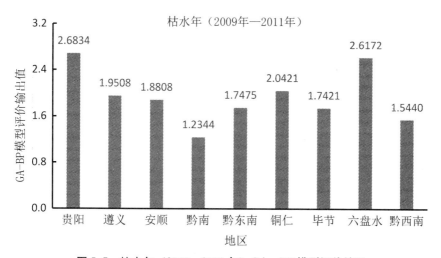

图 5.7　枯水年（2009—2011 年）GA－BP 模型评价结果

从变化趋势来看，除安顺外，各州市水资源安全整体来看有所提高。除贵阳、遵义和铜仁外，其他州市在偏枯水年和枯水年的水资源安全有不同程度的下降。水资源系统是一个复杂的复合系统，水资源安全是 5 个子系统相互耦合作用的结果。因此，水资源量的变化会影响水资源安全性，但其作用大小与作用机制需要特别加以分析。考虑到 2009—2011 年，贵州省遭遇了较为严重的旱灾，因此着重以这一枯水时段为代表进行分析，各州市 2009—2011 年的综合评价结果如图 5.7 所示。黔南和黔西南的安全性最低，处于不安全等级。与平水年 2 时段相比，黔西南的水资源安全性明显下降。分析认为，这与不同地区对水资源量的变化的敏感性存在差异有关，其敏感机制需要进一步分析。

5.3 水资源安全胁迫机理分析

根据本书所应用的 MIV－BP 模型的基本原理，指标的 MIV 绝对值越大，表明其对水资源安全的影响越大，作用越强。指标来自的子系统越多，MIV 绝对值排名越靠前，其对综合评价的影响作用越大。因此，将喀斯特地区时间演变规律和空间分异特征分析结果与 MIV 值相结合，从而分析喀斯特地区水资源安全的胁迫机理。

从 MIV 绝对值按大小排序后的指标所在的子系统可以看出，工程性缺水子系统对喀斯特地区水资源总体安全的影响最大，这是促进其转变的主要原因。而这一子系统的改变主要依靠政策和水利工程投入，确保喀斯特地区水资源的合理开发和供水、蓄水得到保证。喀斯特地区原本水资源总量丰富，但开发利用较难，年际变化不大但年内差异大，容易造成季节性干旱。这就对工程性供、蓄水问题，以及提高水资源利用效率提出了更高要求。可见，破解喀斯特地区工程性缺水困局是确保喀斯特地区水资源安全的重点。水利工程的投资与建设是未来水资源安全调控的重点。

水资源承载力和脆弱性子系统对总系统的影响次之。喀斯特地区生态环境脆弱敏感，且不易恢复。15 年来，贵州省高度重视水资源开发利用与生态环境、社会经济的协调发展，取得了明显成效。推进自然保护区建设、退耕还林、防止水土流失，治理石漠化；加强水资源的保护和治污管理，污染治理效果明显；推进工、农业节水，落实最严格的水资源管理制度，这些举措都使区域经济结构明显改善。研究区的水资源环境建设初见成效，水资源承载力和脆弱性子系统一直处于平稳上升状态，使研究区水资源安全得到较好的缓解。但是水资源的开发利用会引起区域可利用水资源总量和用水结构发生变化，对区域的发展既有优化作用，又有胁迫作用。研究区水资源利用率较低，开发难度大，尚未达到水资源承载力水平。对于贵州省未来的水资源安全调控来讲，要充分发挥水资源开发利用的支撑作用，这对水资源的进一步开发和利用提出了更高要求。水质和水量子系统对喀斯特地区水资源安全的影响最弱，但是对水资源承载力和脆弱性系统有一定的影响和牵制作用。因此，从研究区整体来看，在干旱少雨年份，水资源安全虽有小幅波动，但是主要呈平稳上升趋势。可见水资源数量的变化不会对水资源总体安全产生很大影响。影响喀斯特地区水资源安全的关键在于水资源的开发和利用效率，而不在于水资源数量多少的变化。

从具体指标来看，地表水开发利用程度和大中型水库蓄水率是研究区水资源安全的阻碍因素，且其负向影响程度越来越大。这说明工程性供水的调控和缓解作用，以及水资源的进一步合理开发是缓解喀斯特地区水资源安全形势的两个主要问题。长期以来工程性缺水、低于承载力的水资源开发和较低的利用效率严重制约喀斯特地区的经济发展和水资源安全利用。在驱动指标中，农田灌溉设施满足率、农业灌溉单位面积用水量、万元工业产值用水量、水土流失面积比、水旱灾害损失占 GDP 比重、地下水开发利用程度和大中型水库密度这 7 个指标的的影响程度越来越显著。贵州的农业用水量一般达总用水量的一半，随着农业产业结构不断优化，节水灌溉技术的推广，农业有效灌溉的提高，对水资源安全有了明显的驱动作用。此外，水土流失的治理和水利工程的建设对水资源安全也产生了积极影响，驱动作用不容忽视。

未来几年，贵州省将坚持发展与生态两条底线，随着经济的跨越式发展，用水量不断增加，气候变化下的干旱问题日益突出，带给水环境系统的压力不容忽视。随着经济社会的不断发展，水资源的保护需要人们进一步加强认识，积极推进落实水资源保护措施，促进水利工程建设和水资源高效利用。两者协调发展才能实现人水和谐与可持续发展。

第6章 喀斯特地区水资源安全预测

对研究区水资源系统进行量化建模和仿真模拟，是实现区域水资源可持续发展的关键。水资源系统是非线性的复杂系统，对水资源安全的预测要有较强的学习能力和泛化能力。深度学习与传统的浅层学习相比，可以学习更有用的特征，有着更快的预测速度和更高的预测准确性。本研究尝试将深度学习理论方法应用于水资源安全的预测研究，期望为水资源安全预测带来一种新的思路和方法。

6.1 预测方法

深度学习（Deep Learning）是一种学习算法，来源于人工神经网络的研究。"深度神经网络"（DNN，Deep Neural Networks）的机器学习模型概念在 2006 年由 Hinton 等人提出。它的本质是建立、模拟人脑进行分析学习的神经网络，通过多层训练来学习更有用的特征，能解决深层结构相关的优化问题，是一种含有多个隐层的多层感知器（孙志军等，2012）。在深度学习神经网络中，输入层与输出层之间允许堆叠很多的处理层，上一层的输出作为下一层的输入，并可以对这些层的结果进行线性和非线性的转换，有着优异的特征学习能力。

"深度学习"的提出掀起了机器学习的第二次浪潮。它是一种有效的数据处理和分析的科学探索工具（崔东文等，2013）。近年来，深度学习的研究取得了长足的进步。新颖的体系结构、更多的访问数据以及新的计算能力使得深度学习的应用获得成功。深度学习正在迅速影响着物理学（余凯等，2013）、基因组学（Chen et al，2016）和遥感（Zou et al，2015）等领域，展现了其强大的优势，而且它在水文水资源领域的应用正逐渐展开（Shen，2017），如 Solanki 等人（2015）应用"深度学习"在水库水质参数预测中取得了较好的效果。已有的研究表明，深度学习对混合系统、动态系统的模拟来说是一种较好的方法。因此，深度神经网络模型对传统方法表现出优越的预测性和泛化性。但目前尚很少有关于"深度学习"这一模型方法在水资源系统的预测研究中的应用。本书将构建水资源安全仿真模拟的深度学习神经网络模型，以此为解决有着不确定性和复杂性的水资源系统的预测提供一种新的解决思路。

　　本书选用深度前馈神经网络模型，层与层之间是以有向无环图相关联，该图描述了函数是如何复合在一起的。例如，我们有三个函数 $f^{(1)}$、$f^{(2)}$、$f^{(3)}$ 连接在一个链上形成 $f(x)=f^{(3)}(f^{(2)}(f^{(1)}(x)))$。在这种情况下，称 $f^{(1)}$ 为网络的第一层，称 $f^{(2)}$ 为第二层，以此类推。链的全长即为模型的深度。在神经网络训练过程中，我们让 $f(x)$ 去匹配 $f^*(x)$。训练数据提供了在不同训练点上取值得到带有噪声的 $f^*(x)$ 的近似样本。每个样本 x 都伴随着一个标签 $y \approx f^*(x)$。训练样本直接指明了输出层在每个点 x 的行为，它应该输出一个近似 y 的值。本书的深度学习预测模型采用的是梯度下降法进行权值的迭代更新，这也是神经网络算法中比较通用的权值更新方法。

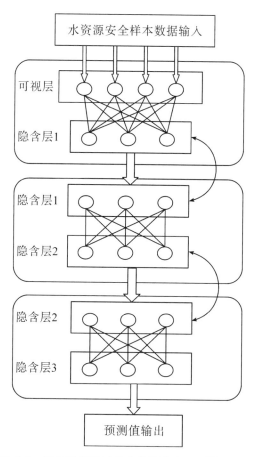

图 6.1　基于深度学习的水资源安全预测模型架构

6.2　基于深度学习的预测模型构建

水资源安全的趋势外推预测，即在基准情景下，沿用原有的政策和发展思路，保持常规发展。深度学习神经网络的训练过程为：先用 2001—2014 年的指标数据作为网络输入，用 2002—2015 年的指标数据作为网络输出，对网络进行学习训练，使误差达到满意的程度，得到最优的深度神经网络用于预测。深度学习神经网络预测过程为滚动预测：采用 2001—2015 年时间序列数据，用训练好的网络对贵州省 2016—2025 年的水资源安全进行指标预测。选取 2001—2014 年数据作为训练样本输入，预测 2002—2015 年各指标的输出，再用刚得到的2002—2015 年各指标数据作为网络的输入，预测 2003—2016 年各指标的输出。以此类推，得到 2016—2025 年的预测值。

本书采用 Python 软件编写程序。选择了 5 层的深度学习神经网络，结构为（31，5，5，5，31）。第一层为输入层，输入水资源安全样本数据。其神经元的个数即水资源样本数据特征向量的维度。隐层为 3 层，即中间的二、三、四层，上一层的输出作为下一层的输入。第五层为输出层，有 31 个神经元，输出水资源安全各指标的预测值，所得预测指标再用于训练得到表征水资源安全等级的综合指数。模型经过反复训练，迭代 30000 次完成收敛训练，得到的初始值接近全局最优解，模型最终的 MSE 为 0.1。用训练好的模型预测了 2016—2025 年的各个指标（图 6.2）。

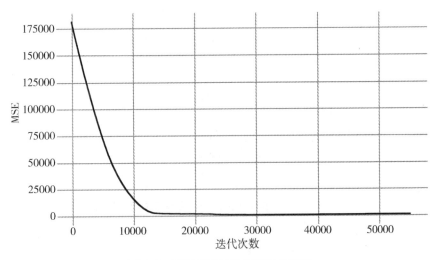

图 6.2　深度学习神经网络训练效果

6.3　深度学习的水资源安全时间预测

6.3.1　深度学习的指标预测结果及分析

应用前面所述方法构造 5 层神经网络（即 3 层隐层）的深度学习模型进行预测，部分指标预测结果见图 6.3。指标预测曲线中，2001—2015 年是根据实际数据和预测数据绘制拟合曲线，2016—2025 年是采用深度学习神经网络预测所得数值绘制曲线。从各子系统的部分指标拟合曲线可以看出，应用深度学习神经网络进行喀斯特地区水资源安全指标预测时，对于近期有较高的精度，曲线后面几年几乎重合，预测测试数据与训练样本数据基本一致，表明深度学习模型有着较好的模拟效果。

从图 6.3 预测数据可知，降水量和人均水资源量在 2016 年后基本稳定中略有下降趋势，据已有资料显示，2016 年贵州省年平均降水量 1264.4 mm，预测值 1261.04 mm，2017 年贵州省年平均降水量 1216.6 mm，预测值 1286.56 mm，精度较好，符合实际。从历史数据来看，水资源利用率与年平均降水量密切相关，在干旱少雨年份水资源利用率较高，预测显示两个指标变化趋势相一致。农田灌溉设施满足率在 2005—2015 年的十年间迅速提高，可见这一时期的农业灌溉工程迅速发展，农业灌溉节水技术和灌溉设施都有大幅增长。预测显示未来十年里仍会有所改进，但高速发展难度较大。在过去的 15 年里，万元 GDP 用水量持续下降，单位耕地化肥使用量和城镇化率逐渐升高，2015 年后都呈相对平稳态势。

6.3.2　深度学习的水资源安全总体预测结果及分析

从 2016—2025 年预测结果来看（图 6.4），贵州省喀斯特地区水资源安全总体有缓解趋势，但有一定的波动性，说明了贵州省保持生态为底线的系列环保政策的有效性。

其中 2016—2020 年预测为临界安全等级，趋势略有下降，但幅度不大。这与近些年贵州省的水资源安全总体状态基本一致，说明贵州省延续原有的系列经济发展和生态保护政策及趋势发展，根据中央和政府的规划目标在 2020 年达到全面实现小康社会，这一时期经济的发展势必造成水资源消耗的增加。水资源的脆弱性缓解是一个缓慢的过程，工程性供水的困局解决也不可能一蹴而就，水资源量的保证更多依靠自然因素的调节过程，可见，研究区未来几年保持经济的高速发展将给水资源安全带来一系列压力。但是在保证发展和生态两条底线的政策下，在各子系统综合作用和调控下，也不会出现急剧的恶化迹象，将基本维持在临界安全状态。

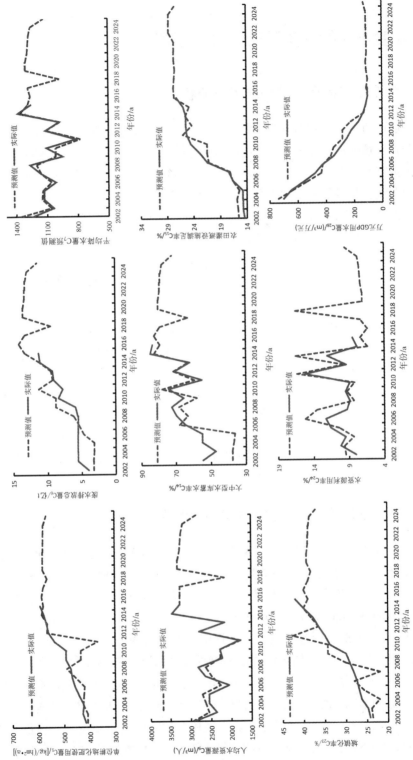

图6.3 深度学习的贵州水资源安全指标预测曲线

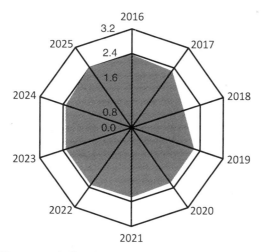

图 6.4　深度学习的贵州省水资源安全综合预测结果

2020 年达到最低值后趋好的态势继续延续，但幅度变小，预计到 2025 年贵州省水资源安全将有一个小幅的上升时期，达到较安全状态。这一结果验证了贵州省发展和生态两条底线政策将在这一时期达到良性互动、协调发展的局面，系列的生态举措和水资源保护污染防治政策将初见成效。这些都说明贵州省协调好水资源开发利用与经济发展之间的关系，水资源就会得到安全可持续利用。

6.3.3　深度学习的子系统预测结果及分析

深度学习的贵州省水资源安全子系统预测结果如图 6.5 所示。

6.3.3.1　水质子系统安全状况预测分析

预测显示，水质子系统的安全状态在 2015 年后开始有所下降，但始终处于临界安全状态，提升空间较大。2013 年以来，贵州在保持较高经济增长的同时，生态环境质量总体保持较好，但发展不足与保护力度不够的问题始终存在。说明近年来贵州虽然采取了一系列水污染治理举措和保护水源的措施，增建大批城市污水处理厂、固废物处理厂、废水处理站等，使得水质子系统的状态明显好转，但是原有污染治理基础设施建设滞后，污水管网和污水处理能力与城市建设滞后。此外，历史遗留问题严重，一些突出的历史环境问题始终没有得到有效解决。人类活动影响下研究区的水质有所下降。例如，铜仁历史上遗留的 25 座汞渣库中只有 28% 建有渗滤液收集处理设施，35 座锰渣库多数防渗措施不到位，重金属污染问题十分突出，中央汞污染治理项目资金落实不到位，黔南州鱼洞河煤矿废水污染等问题长期存在。这说明，近年来贵州的水质子系统有缓和水资源安全形势，但效果不明显，对水资源总体安全的驱动作用有限。在未来几年，贵

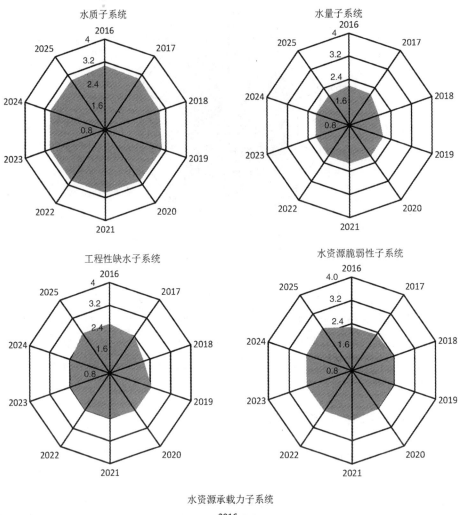

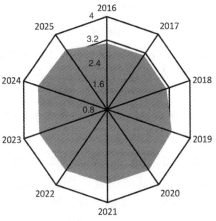

图 6.5   深度学习的贵州省水资源安全子系统预测结果

州将仍然保持高速的经济发展趋势，这将给水质子系统带来新的挑战，需要进一步加以改善和调控。

6.3.3.2 水量子系统安全状况预测分析

水量子系统受自然界的变化干扰影响较大，预测显示未来 10 年水量子系统的安全性在波动中有下降趋势。已有研究显示，亚洲的干旱频率和强度都有所增加，而且还有持续加重趋势。旱灾一直是贵州最为突出的自然灾害，近些年有持续加重趋势（徐建新等，2015）。预测结果与已有研究基本吻合，这也表明贵州的防旱抗旱任务十分艰巨。水资源总体安全是 5 个子系统耦合作用的结果，因此在水量子系统的作用下水资源安全不会明显恶化。然而，还应注意到贵州省近些年是后发赶超时期，对外来人口的吸纳能力逐渐增强。根据"十三五"规划目标，到 2020 年全省常住半年以上总人口达到 3700 万人左右，与 2016 年相比增加 145 万人，增幅达 4.1%。水资源总量和利用量与人口和经济发展的区域匹配是实现水资源安全的基础保证。

6.3.3.3 工程性缺水子系统安全状况预测分析

在未来 10 年里，工程性缺水子系统安全状况将有所缓解，但幅度不大。"十一五"和"十二五"期间，是贵州水利建设迅速发展的时期，兴建了一批水电站和集中供水工程，使全省在发电、灌溉和供水等方面得到较大改善。但是由于水利设施基础薄弱，各类水利工程仍显不足，还存在着工程性缺水的困局。主要表现在水资源利用方式仍然比较粗放、水资源利用率低。水利工程特别是骨干型重点水利工程、农业灌溉工程较少。已有工程多为小型工程，如池塘、堰坝等，蓄水能力较弱，灌溉供水保障率较低。水资源配置薄弱，农村饮水缺乏坚实的供水工程的保障，小型病险水库多，安全隐患突出。因此，在未来短时间内，贵州的工程性供水优化仍然是水资源安全的主要驱动因素。针对这一问题，贵州正在努力推进水利现代化，从水资源的丰富大省发展为水资源利用充分的强省。

6.3.3.4 水资源脆弱性子系统安全状况预测分析

水资源脆弱性子系统的安全状况一直保持了一种稳定的缓慢上升趋势，2020 年开始进入较安全状态。未来几年，随着贵州作为国家生态文明试验区建设带来的生态优先、绿色发展政策，将使水土流失和石漠化治理得到高度重视和改善，水资源的脆弱性将有一定程度的缓解。此外，预测结果显示，水资源脆弱性子系统的安全状况与研究区水资源安全总体的状况基本保持一致，这说明水资源脆弱性在研究区的水资源安全中有着重要的地位。

6.3.3.5 水资源承载力子系统安全状况预测分析

水资源承载力子系统在 2016—2018 年间，预测结果显示回落至临界安全状态。2021 年将达到较安全，未来 10 年整体处于上升趋势，但增幅不大。未来几年是贵州省跨越式发展和全面实现小康社会的关键时期。大数据、大生态等产业迅猛发展，工业转型升级，产业结构调整，对水资源承载力造成压力。水资源承载力子系统主要是水资源开发利用和经济系统结构等"成本型"指标，指标越低，水资源承载力的压力就越小。如果不对水资源开发利用加以调控和缓解，全省水资源承载压力将进一步加剧。

6.4 情景模拟

情景分析法通过情景设定来分析系统，结合逻辑推理和定量分析，假设情景发展过程，模拟可能的情景并把握其特征，对各种可能发生的未来情景加以预测，从而为系统的调控和管理提供相关依据。水资源安全预测采用情景分析法进行，不仅能更准确、全面地反映未来水资源安全可能发生的变化，而且可以直接服务于水资源的开发和利用，为政府决策者选择未来适宜的发展途径提供依据。因此，本书基于情景分析法，设计不同的调控方案，对喀斯特地区水资源安全调控加以分析，以期准确反映不同调控方案下喀斯特地区水资源安全的变化趋势，为研究区制订正确的调控方案和措施提供参考。

6.4.1 情景假设

2015 年 6 月，习近平总书记在贵州省调研时为其指出了发展路径：守住发展和生态两条底线，培植后发优势，奋力后发赶超，走出一条有别于东部、不同于西部其他省份的发展新路。生态是贵州实现跨越式发展的后发优势。因此，本书在研究区经济长期平稳快速发展形势下设置 4 个不同的情景来进行情景模拟分析。

情景 1：水资源消费控制方案。为了加快节水型社会建设，立足于环境和经济的协调可持续发展，根据国务院《关于实行最严格水资源管理制度的意见》，情景设置主要体现在抑制需求和控制水量。严格控制用水总量，提高水资源利用效率，严格限制水功能区纳污，调整工农业用水效率。

情景 2：脆弱性保护方案。喀斯特地区生态脆弱，抗干扰能力和自我恢复能力弱。因此，该情景模拟主要体现在控制水资源脆弱性指标，加强石漠化综合治理，减少水土流失面积，分析水资源脆弱性对水资源安全的未来影响。

情景 3：水利工程驱动方案。工程性缺水一直是喀斯特地区水资源开发利用的主要瓶颈，严重制约着该地区的经济发展。该情景模拟主要体现在缓解工程性缺水问题。严格遏制农业粗放用水，积极发展高效节水灌溉，推进水利工程建设，破解贵州工程性缺水困局，分析水利工程驱动对水资源安全的影响。

情景 4：气候变化影响方案。根据政府间气候变化专业委员会（IPCC）第五次评估显示，过去几十年里，亚洲的干旱频率和强度都有所增加，而且还有持续加重趋势。旱灾一直是贵州最为突出的自然灾害，近些年有持续加重趋势。因此，情景设定为自然和人类活动双重压力下水资源安全状况，主要考察未来研究区气候变化和经济跨越式发展对水资源安全的影响。

6.4.2 参数设置

（1）经济长期平稳快速发展参数设置：假设贵州省 2016—2025 年人口自然增长率保持不变，总人口与趋势外推预测值相同。根据贵州省国民经济和社会发展第十三个五年规划纲要，2020 年 GDP 力争达 2 万亿元。依照 2015—2020 年的 GDP 增长速度依此趋势外推至 2025 年 GDP 数值。利用历年实际 GDP 与实际工业产值、农业产值建立回归分析方程，根据上述趋势外推的 GDP 结果预测工业总产值、农业总产值。2020 年城镇化率达 45%，依照 2015—2020 年的城镇化率增长速度，依此趋势外推至 2025 年城镇化率。

（2）情景 1 参数设置：供水总量根据《贵州省水资源管理控制目标分解表》的目标设置，2015 年和 2020 年控制目标分别为 117.35 亿 m^3 和 134.39 亿 m^3。依据历史数据建立总用水量与工、农业用水量的回归方程，预测控制总用水量情景下的工、农业用水，从而获得预测的单位工、农业产值用水量；农业灌溉单位面积用水、单位耕地化肥使用量下降 10%。废水排放总量依据与 GDP 的回归分析获得模拟值。

（3）情景 2 参数设置：假设 2025 年贵州省生态需水率与全国平均水平保持一致，趋势外推得到各年份贵州省生态需水率；水土流失面积比和中度以上石漠化面积比 2020 年下降 3%，至 2025 年下降 5%，岩溶灾害发生次数分别下降 10%；根据《贵州省水资源管理控制目标分解表》的目标设置，水功能区达标率 2020 年、2025 年分别达到 85%、95%，趋势外推得到各年份贵州省水功能区达标率。

（4）情景 3 参数设置：2020 年有效灌溉面积占耕地面积比达 40%，趋势外推得到各年份贵州省水功能区达标率和有效灌溉面积占耕地面积比。大中型水库密度和农田灌溉设施满足率分别提高 5%。

（5）情景 4 参数设置：降水量减少 10%，人均水资源量下降 10%，单位面积地表、地下水资源量下降 10%，以此作为干旱化情景。水资源利用率、地表水开发利用程度、地下水开发利用程度和地下水供水比例分别与预测所得的水资源总量建立回归模型预测获得。

6.4.3 基于情景分析的喀斯特地区水资源安全演变趋势分析

根据模拟情景下喀斯特地区水资源安全调控相关指标参数及前述深度学习预测方法，分别计算各调控情景下喀斯特地区水资源安全水质、水量、工程性缺水、水资源脆弱性、水资源承载力 5 个子系统以及水资源安全总体 2016—2025 年的评价指数（图 6—6、图 6—7、图 6—8、图 6—9 和图 6—10），结合前述的趋势外推结果进行对比分析，比较模拟情景下的水资源安全变化情况。

6.4.3.1 水质子系统水资源安全演变趋势分析

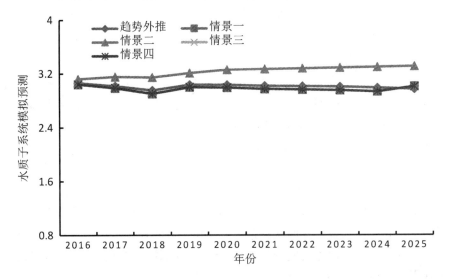

图 6.6　水质子系统情景预测结果比较分析

从图 6.6 可见，模拟情景一、三和四的水质安全都比趋势外推有所下降，经济快速增长势必给水资源质量安全带来威胁。情景二通过对水资源的脆弱性加以保护，通过改变生态需水率、水功能区达标率、水土流失面积比和中度以上石漠化面积比的参数来进行相应情景的模拟，此情景下水质安全整体效果有所改进。

6.4.3.2 水量子系统水资源安全演变趋势分析

情景四通过改变参数降水量、单位地表水资源量和单位地下水资源量各下降 10% 来模拟干旱情景，此时水量子系统极不安全。气候异常导致降水异常，这将在一定程度上加剧研究区水资源安全状态，并将加剧社会经济与自然生态系统间的矛盾。

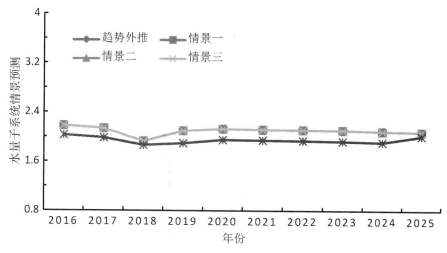

图 6.7　水量子系统情景预测结果比较分析

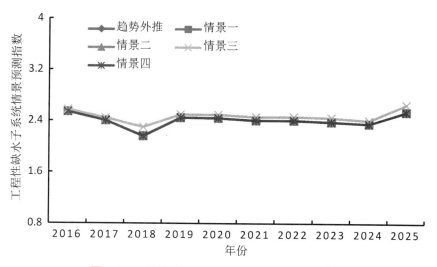

图 6.8　工程性缺水子系统情景预测结果比较分析

6.4.3.3　工程性缺水子系统水资源安全演变趋势分析

情景三水利工程驱动下的水资源安全状态得以提高。在合理规划的取水、蓄水、拦水等工程设施的保障下，可以实现水资源跨区域、跨时空调配，可以缓解水资源短缺，减轻气候异常引起的自然灾害的影响。

6.4.3.4　水资源脆弱性子系统水资源安全演变趋势分析

在情景二水资源脆弱性保护情境下，水资源脆弱性子系统的状态得到明显改善。贵州省喀斯特地区强烈的岩溶发育导致脆弱的生态环境，容易遭受破坏且不

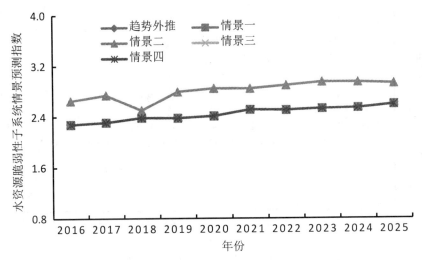

图 6.9　水资源脆弱性子系统情景预测结果比较分析

易恢复，情景模拟结果表明在经济快速增长形势下，加强水资源脆弱性保护是实现喀斯特地区水资源安全利用的有效途径。

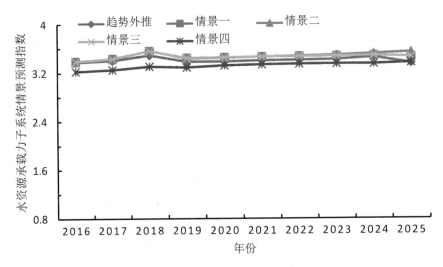

图 6.10　水资源承载力子系统情景预测结果比较分析

6.4.3.5　水资源承载力子系统水资源安全演变趋势分析

在模拟情景一、二、三下，尽管经济保持着快速发展，但喀斯特地区水资源承载力子系统的状态得到提高。可见环境的改善和工程性供水的保证对喀斯特地区水资源安全有着明显的驱动作用，可以缓解经济增长带来的水资源承载力的压力。贵州省经济发展较为落后，发展是研究区面临的迫切任务，但传统发展模式会在以后的发展中对水资源承载力造成一定压力。同时，我们也应看到极端气候下水资源承载力明显下降，气候变化的影响不容忽视。

6.4.3.6　喀斯特地区水资源安全预测演变机制分析

由图 6.11 可见，情景一、二、三相对于趋势外推下的水资源安全水平均有所提高，就单个情景模拟状态而言，对喀斯特地区水资源总体安全的贡献大小为：情景二＞情景三＞情景一。水资源脆弱性的变化所引起的喀斯特地区水资源安全变化较为明显，其次是水利工程的驱动，而水资源消费控制对喀斯特地区水资源总体安全贡献率最小。情景四是模拟气候变化下水资源安全状态，由结果可知极端气候的出现对水资源安全水平的影响较大，其在各时期出现了不同程度的下降。

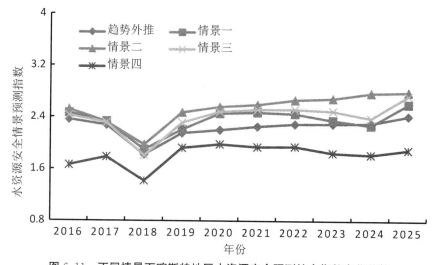

图 6.11　不同情景下喀斯特地区水资源安全预测综合指数变化趋势

影响喀斯特地区水资源安全系统演变的主要自然因素为气候变化的影响和脆弱的岩溶生态环境束缚，以及人类活动下的经济条件和水利工程约束。保持原有发展模式不变，没有进行任何改进，在经济快速发展进程中，水资源安全的压力不能得到有效缓解，很容易被时代所淘汰。近年来，经济和城市综合发展带来的各种活动给喀斯特地区带来了更大的压力。未受监督的人类活动对岩溶环境的侵犯正导致日益频繁和更广泛的岩溶环境退化。地表水和地下水频繁受到工业活动、农业发展和集约用地的威胁。城市发展也威胁着地下水的质量以及水的供应。土壤和植被是岩溶环境变化最敏感的元素。情景二模拟结果显示，对喀斯特地区的生态脆弱性进行保护将是实现喀斯特地区水资源安全利用最好的方式之一。

喀斯特地区在水利工程驱动和水资源消费控制下,水资源安全向着良性方向发展。人类不同用水活动主要体现在农业灌溉用水、工业生产用水和水利工程建设方面。农业灌溉对水资源的需求不断增加,耗水的种植和灌溉方式是造成喀斯特地区水资源压力的一个重要原因。情景一水资源消费控制模拟结果显示,工农业用水的消费控制、水资源高效利用可以在一定程度上缓解水资源安全的压力,但是在经济跨越式发展带来的环境压力状态下,对水资源安全的缓解效果不显著,显然没有达到最佳效果。

此外,人类活动的不同方式(地表拦蓄、地下水开采、水资源利用和水土保护)和强度对研究区水资源安全演变有着重要影响。有研究表明,岩溶含水层的过度开采加剧了干旱影响,并导致大部分岩溶泉和深泉的干旱。地表水的拦蓄较少,地下水的过度开发或者因开采困难而开采过低,都会进一步引发水矛盾加剧。贵州省地下水资源仍未得到充分利用,而地表水使用更为普遍。情景三结果显示,在水利工程驱动下,喀斯特地区水资源系统的水量和水质、工程性供水能力以及水资源承载力与现实发展趋势相比都呈利好的方向变化。在水利工程驱动干预下,喀斯特地区水资源的数量和质量在空间和时间上有了可变性,可利用量和可支配性增加,水灾害防控也有了一定保障。

情景四模拟了极端气候的出现情况,主要表现在降水量的减少,单位地表和地下水变化,模拟干旱情景下对水资源安全的影响。未来在干旱极端天气下,研究区水资源承载力将显著下降。这是因为贵州省经济高速发展,吸引外来人口能力不断增强,导致人口增加,工农业结构的调整还需要一定周期,随之会带来耗水增加,因而气候的不确定性变化将进一步加剧水资源安全的风险。

由以上讨论可知,通过对喀斯特地区水资源安全情景模拟预测研究,水资源的脆弱性是影响整个系统水资源安全状态的最重要因素。但是,单一的情景驱动在改变受多个子系统影响的水资源短缺量和水资源需水量时显得较为乏力。说明只有平衡好水资源开发利用、水资源脆弱性保护、工程供水和经济社会发展之间的关系,从系统角度对所有子系统进行一一改进,才能使水资源系统从根本上得到改进,使水资源安全利用趋于科学化、合理化。

第7章 气候变化下喀斯特地区水资源
安全问题的研究

7.1 气候变化下水资源安全的评价理论

在气候变化背景下，水资源安全是自然和人为综合作用下的动态过程。一方面，水资源安全的主要承载体是经济和社会系统，承载体类型多样，动态性强，因而其安全性的度量也具有多层次的关系；另一方面，水资源安全的保障来源多样，影响因子多，变量之间关联性强，并且往往存在交互作用，驱动机制极为复杂，且存在不确定性。水资源安全被看成是水资源系统对气候变化的可应对能力，从水量、水质、水生态的部分安全，扩展到流域水系统综合安全（Delev，2017）。

目前，气候变化对水资源影响的定量评估，较多的研究集中在：①探究气候变化下水文要素的敏感性，如由降雨径流等自然因素引发的水资源安全问题研究（张士峰、贾绍凤，2003）；气候变化和人类活动对流域径流变化贡献率的相关研究（王国庆等，2008）；气候变化下各水文要素响应（Mall，2006）。②气候变化下水资源的脆弱性分析，识别影响水资源脆弱性变化的主要调控变量（夏军等，2012）；Delpla等（2009）分析认为气候变化将导致淡水水质下降；Yang等（2014）从4种气候情景下的水质、水量和水生态综合管理出发，评价水资源的脆弱性。③分析未来气候变化下水循环机制。夏军和石卫（2016）讨论了全球变化影响下我国面临的水安全问题，建议加强对变化环境下陆地水循环规律，重点区域社会经济发展的需水规律及需水预测、水安全观察与战略研究等；王浩等（2016）提出了天然水循环系统和社会循环系统相结合的二元水循环评价模式。

随着极端气候事件的频发和影响强度的不断加剧，有必要把常态和极值两个过程加以集成分析。气候的变化主要影响水资源量的变化，使得水循环与水资源系统发生显著变化。因此，在长时间尺度和宏观层面的研究中，不仅要有传统的水资源常态过程的分析，还应该精细考虑极端气候变化下的水资源安全研究。

7.2   气候变化下水资源安全评价方法与技术

目前国内外学者采用不同的评价方法来研究水资源安全的状况，从最初的简单定性描述发展到定量精确判定。水资源评价的方法除了上述的人工智能模型、数学模型、统计模型、经济模型以及生态模型几大类，还有根据实际情况将两种或者几种方法结合或改进来开展研究。近年来，在气候变化下，全球气候模型和区域气候模型驱动的水文模型被频繁地用于此类研究，但这些研究经常被发现缺乏可靠性，新兴的多模式集合领域正得到越来越多的关注（Bhatt & Mall，2015），多模型组合有望在模型输出中增大流域水资源系统状况的可靠性。

随着遥感地理信息理论、数据挖掘理论的不断发展，基于空间和区域视角的水资源安全的定量评估受到重视。水资源系统是一个有着随机性和不确定性的非线性系统，伴随气候的变化和人类活动影响的不断加剧，水资源安全的表征变得更加困难，水环境数据具有时空关联、变量隐蔽、高维以及大尺度自然格局与过程观测取样多种来源等复杂特点，传统建模技术难以适应复杂的水资源系统。从 GIS 遥感数据、区域水环境等不同来源获取的嵌套结构数据，难以满足一般建模条件。

总的来看，水资源安全研究需要在气候变化视角下，在新的科技与政策背景下，重构概念体系，探寻更加有效的方法，从而解决水资源系统复杂的非线性问题。

7.3   气候变化下喀斯特地区水资源安全的相关研究

喀斯特地区兼有生态脆弱性和人类活动剧烈的双重特点，加之近年来极端气候频发，在喀斯特地区水资源安全变化过程中，气候因素是不可低估的。由于喀斯特地区生态环境极其脆弱敏感，气候系统独特的复杂性与不确定性，又增加了问题的研究难度。近些年来，逐渐开始将地下水研究与气候变化相结合，尝试探索它们之间相互影响、相互作用的机理。研究表明，气候变化以及过多的水消耗可能会对岩溶水资源的未来可用性产生重大影响（Gleeson et al，2012；Taylor et al，2012）。岩溶含水层中的水量和质量可能取决于年代际尺度上补给或减少的变化，水资源管理应考虑气候周期性（Martin et al，2016）。有研究发现，地下水水位与地下水开采量呈负相关，与降水量呈正相关（Chu，2016）。这表明地表水与地下水之间存在密切的水力联系和相互作用的岩溶系统。Dimki 等

（2017）认为气候变化和人类用水需求综合作用下造成水资源短缺，防止岩溶泉过度开采是防治水资源短缺的措施。也有学者从时间和空间的角度（年际变化和空间差异）对流域的降水量和径流的自然演变进行分析，发现喀斯特地区生态系统对气候变化的响应随着地表空间特征的差异而变化（贺向辉等，2007；刘丽颖，2018）。气候的变化将直接或间接影响地下水的质量（Mcgill et al，2019），降水、气温、气压的改变与喀斯特地貌发育有着密切关系（李汇文等，2019）。近年来，中国西南喀斯特地区降水的年际与年内变化增大，变差系数也显著增大。

气候变化是水文水资源变化最重要的决定因子，气候环境发生变化，水资源条件随之发生变化，贵州省喀斯特地区近年来极端气候频发，在喀斯特地区水资源安全变化过程中，气候因素是不可低估的。气候模拟预测显示，未来几十年世界上许多喀斯特地区的气温将有所升高，而降水量将减少。尽管未来形势不容乐观，但很少有专门量化气候变化对岩溶水资源影响的研究（Hartmann，2014）。

总体上，对喀斯特地区水资源系统在人类活动和气候变化影响下的变化规律尚不明确，主要的胁迫因子是什么，胁迫机理如何，鲜有关注。

7.4   喀斯特地区水资源安全对气候变化的敏感性分析

随着极端气候事件频发和影响的增强，水资源安全会变得复杂多变，为了分析干旱、洪涝等极端气候下水资源的安全情况，本书从单一气候因素的模拟和分析入手，辨析喀斯特地区水资源安全对关键气候因子（年平均降水量）的敏感程度，以期能够深入理解气候变化对水资源安全的影响。

本书假定年平均降水量、单位面积地表水资源量、单位面积地下水资源量等水文要素相对独立，同时不考虑其他因素的改变，将年平均降水量、单位面积地表水资源量、单位面积地下水资源量分别改变 ±10%、±20%、±30%、±50%。利用敏感度系数，即水资源安全指标变化的百分率与不确定因素（年平均降水量、单位面积地表水资源量、单位面积地下水资源量）变化的百分率之比，计算公式为 $E = \Delta A / \Delta F$，ΔA 为水资源安全指标变化的百分率，ΔF 为不确定因素变化的百分率，计算不同气候变化情景下水资源安全综合指数变化，分析水资源安全对气候变化的响应特征，并进一步探索水资源安全对这 3 个要素的敏感性。趋势率以最小二乘法线性拟合的斜率来表示，正值表示增加趋势，正值越大表示增速越快，否则相反。

表7.1 贵州省水资源安全指标单因素敏感性分析结果

变化	年平均降水量 C_7	单位面积地下水资源量 C_8	单位面积地表水资源量 C_{10}
−50%	−4.89%	−2.71%	−4.37%
−40%	−3.90%	−2.16%	−3.50%
−30%	−2.91%	−1.61%	−2.63%
−20%	−1.93%	−1.07%	−1.76%
−10%	−0.96%	−0.54%	−0.88%
0%	0.00%	0.00%	0.00%
10%	0.95%	0.54%	0.88%
20%	1.88%	1.07%	1.77%
30%	2.78%	1.61%	2.67%
40%	3.66%	2.15%	3.57%
50%	4.51%	2.68%	4.47%

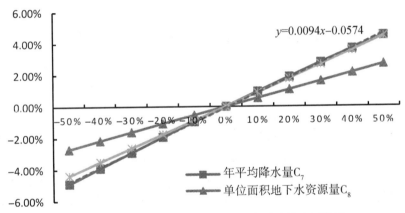

图7.1 贵州省水资源安全指标单因素敏感性分析结果

结合表7.1和图7.1可知,当变动率(年平均降水量、单位地表水资源量、单位地下水资源量)相同时,年平均降水量的变动对水资源安全的影响最大,当年平均水资源量增加10%时,水资源安全指数上升0.95%。单位地表水资源量的变动影响次之,单位地下水资源量的变动影响最小。

为了分析气候变化影响下各区域的水资源安全变化情况和抗旱能力,计算贵州省各州市基于气候变化下的安全敏感性数值,结果如图7.2所示。各单因素负向变化,表征水资源紧缺,意味着干旱程度大;各单因素正向变化,表征水资源富足或者过多,意味着洪涝程度大。

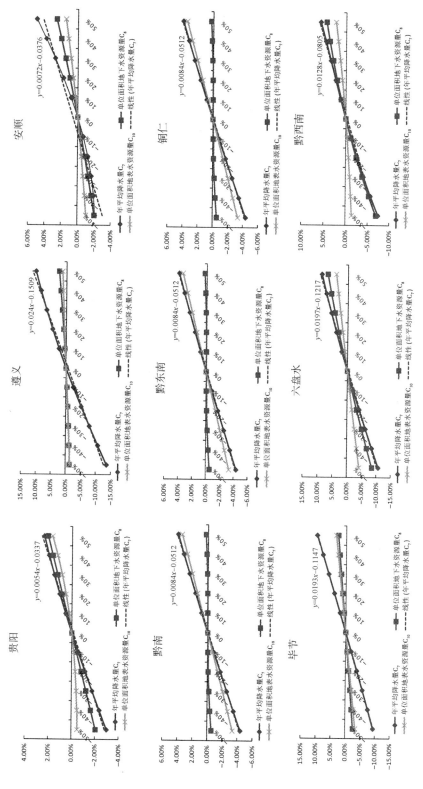

图7.2　贵州省各州市水资源安全指标单因素敏感性分析

　　从图 7.2 可见，对年平均降水量最为敏感的地区是遵义、毕节、六盘水和黔西南。这几个州市主要分布在黔西北、黔西和黔西南地区。在降水量明显减少时，水资源安全指标下降明显，也就是说这部分区域对干旱灾害的发生更为敏感。池再等（2016）通过对贵州省东西部区域干湿状况差异分析发现，近 50 年贵州西部区域比东部区域的积温干燥度明显偏大，气候干湿指数明显偏低，西部区域的气象干旱比东部区域偏重。本书研究结果与此结论相吻合。然而，该结果只是讨论了不同空间对气候变化的敏感性，具体作用机理尚需继续深入研究。

第8章 喀斯特地区水资源安全调控机制与保障措施

脆弱的喀斯特地区生态环境制约着经济的发展，反之过多的人类活动导致气候的变化和环境的恶化，又对水环境系统存在着负面影响。根据国家"四个全面"的战略布局，贵州省要坚守发展与生态两条底线，社会和经济将在未来相当长的一段时间保持较快发展。然而，水资源开发利用仍存在不容忽视的隐患。因此，在水资源安全动态评价和仿真模拟的基础上，对研究区水资源安全进行调控机制和保障措施的研究，正是本研究的意义所在，以期为区域可持续发展和水资源安全利用提供决策参考。

8.1 调控目标

遵循喀斯特地区水资源安全演变的规律，结合区域社会经济发展目标和水资源系统保护要求，采取一定的方案和措施对水资源安全进行调控，调动水资源系统的正向服务功能，减轻水资源安全压力，促进水资源系统逐渐向健康、平衡的安全状态转变，推动水资源开发利用与社会经济协调发展，实现人水和谐共生的局面。

8.2 调控模式

8.2.1 总体调控模式

从仿真模拟的分析结果可知，喀斯特地区水资源安全的调控要协调考虑水资源的自然状态和开发利用状况，经济和社会发展状况及趋势，生态环境保护范围和程度以及水资源的数量变化等问题，以促进水资源系统与社会经济系统的良性耦合，发挥水资源的支撑作用，减轻对社会经济发展的胁迫和制约。因此，从贵州省喀斯特地区实际情况出发，以发展和生态为两条底线，即以社会经济发展与生态环境保护相协调为目标，以生态文明建设为理念，从产业、水源、保障、时空、管理5个方面建立水资源安全综合调控的框架体系，如图8.1所示。

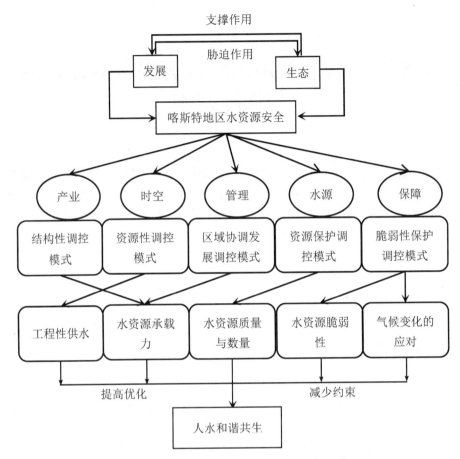

图 8.1　喀斯特地区水资源总体调控模式框架体系

　　喀斯特地区水资源安全调控，须统筹考虑水资源开发利用的结构、状态、质量和效率，协调展开与水资源安全保障相关联的产业结构、资源环境、工程保障、生态文明的建设和保护，调控模式可概括为：结构性调控、资源性调控、区域协调发展、资源保护和脆弱性保护 5 种模式。

表 8.1　喀斯特地区水资源安全调控模式汇总

模式名称	简单解释	适用范围	调控对策	角度
结构性调控模式	产业结构调整与生产力布局，带动生态环境建设的调控模式，经济开发与转型带动生态环境建设，使产业生态化	生态旅游、经济建设、特色农业相对集中区域	绿色产业开发，以一种开发模式为主或多种开发方式相结合	产业

模式名称	简单解释	适用范围	调控对策	角度
资源性调控模式	针对工程性缺水，通过水利工程建设和管理来调控水资源的时空分布不均匀性，实现分布结构安全的水资源调度	水利设施薄弱，工程性缺水严重的区域	水利工程、雨洪水利用工程、污水资源化工程、农业灌溉工程等	时空
区域协调发展调控模式	寻找社会经济发展与生态环境保护相协调的具体调控对策	经济增长与环境不协调区域	优先保护生态环境，经济适度发展	管理
资源保护调控模式	水资源合理配置，推广节水技术，相应增加生态用水为主要措施的调控模式	小流域和水利设施比较完善的地区，节水潜力大、节水技术条件具备的区域	构建节水型社会，高效率用水，实施水资源、土地、森林、自然保护区的保护工程，提高用水效率	水源
脆弱性保护调控模式	避免遭受或者能够应对气候变化带来的负面影响	水环境保护区，有水土流失和荒漠化倾向或较为严重地区	水土保持工程，保护水资源，保护生态环境，减轻洪、旱等灾害影响	保障

8.2.1.1　结构性调控模式

传统的经济发展模式和产业结构属资源消耗型，过多的耗水造成水资源短缺，废污水的排放加剧了水环境的污染，以及一些不良的利用方式，这些都给水资源系统和生态平衡造成较大压力。水资源安全调控要积极突出产业生态化，生态产业化，培育发展绿色农业，促进产业结构调整，打造一个具有高效率、低消耗、低排放、低污染为特点的绿色产业体系（图 8.2），降低经济发展对水资源系统的负面作用和影响。

一是突出产业生态化。大生态战略下，贵州省要加快推进生产方式绿色化，经济的发展不仅不能以牺牲环境为代价，还要对环境的健康发展产生积极驱动，实现生态环境和经济发展的良性互动局面。首先，转型升级传统产业，使其从原来的依靠资源，转变到更多地依靠技术、资金、管理、人才和产业等平台。以高新技术为依托，改造提升食品、能源化工、白酒、钢铁、卷烟制造等传统产业和优势产业，节能、减排、降耗。依据循环经济理念，推进现有产业的技术创新，建立循环型绿色企业，减少工业污染的排放，淘汰高能耗、高污染的产业类型。其次，优化产业布局，加快工业结构调整，突出发展新型材料、水电能源、生态旅游、绿色农业以及大数据等产业，使其成为贵州省未来产业发展的主导。

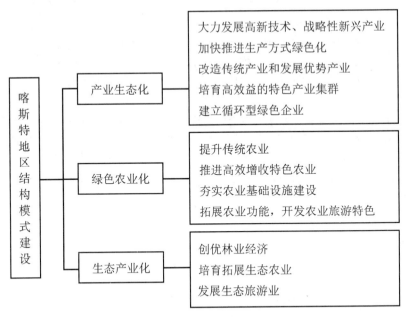

图 8.2　喀斯特地区水资源安全结构性调控模式体系

　　二是加快推进山地特色高效农业。优化调整农业产业结构和布局，积极培育山地特色农业。提升传统农业，推进以畜牧业、蔬菜、茶叶、马铃薯等为主的优势产业；推进高效增收特色农业，如以精品水果、中药材、油桐、油菜、特色杂粮等为重点的优势特色农业；实现品种优化，立足本地资源，因地制宜，选择有区域特色，不仅适宜喀斯特地区的生态环境，而且有利于水土恢复与保护的特色农业品种，如经济林木、果茶桑、中药材等；夯实农业基础设施建设；拓展农业功能，如观光休闲、文化科普、生态旅游等。推进优势农业向现代化、规模化、生态化的经营方式转变，带动农业旅游、民俗旅游、生态旅游发展，使生态环境持续向好。

　　三是突出生态产业化。生态是贵州省最重要的战略资源，是最突出的竞争优势，是最宝贵、最具特色的财富。贵州省的发展不仅要注重生态环境保护，更要利用好生态自然资本，"用好绿"，使绿色经济成为新的经济增长点，让贵州省独特的生态环境引领经济发展。发展既节约资源、保护环境，又能产生效益的生态产业，以绿色产业发展促进环境和经济的可持续发展能力。如创新林业经济，不仅能减少水土流失，改善自然环境，还可以实现经济效益。依托生态旅游，使旅游开发与生态建设相辅相成、良性互动。借助贵州省特有的生态环境，大力推进绿色旅游，依靠旅游业提升和保护生态环境。使旅游与生态相互统一，成为绿色发展的双重推动力。促进生态农业的产业化，建设农业示范园，实现现代加工、物流、生态旅游产业链的有机结合。

8.2.1.2　资源性调控模式

资源性调控主要是针对工程性缺水严重，水利工程设施相对滞后、薄弱的区域，通过水利工程对水资源加以调度和调控，缓解水资源空间上、时间上的供需矛盾。优化配置水资源，借助各类水利工程解决喀斯特地区水资源开发难问题，拦水、蓄水和调水问题，耕地有效灌溉问题，减轻自然灾害影响，保障城镇用水和农村人畜饮水，从根本上破解喀斯特地区工程性缺水困局。水利工程的调控不仅可以实现开辟水源、调节水源流量、可靠供水、农业灌溉、生态补水、减轻洪旱灾害的作用，还可以实现通航、发展水产养殖、发电、开发旅游等经济用途。

根据喀斯特地区的水资源特征和其形成规律，因地制宜、因水制宜、因需制宜，分别采用类型众多、规模不一的水资源开发工程和管理模式。一是工程合理布局，根据山区、平坝、丘陵不同地形因地制宜布局水利工程。既有骨干工程建设，又有分零分散的小型水利工程，如拦泥坝、蓄水池、水窖、塘坝、涝池。二是完善工程体系。既解决蓄水、提引水的水库建设，也有地下水（机井）利用工程，还需要河流山洪沟的防洪排涝工程，增强抵御洪涝和干旱灾害的能力和水平。还要推进完善基础农业灌溉工程，保障基本农田防洪防旱设施，确保喀斯特地区的供水安全和水资源可持续利用。三是危险病患水库治理和灌区节水改造。

8.2.1.3　区域协调发展调控模式

区域协调发展调控要密切关注经济与生态的耦合发展，提高水资源的承载力。按照经济和生态环境协调可持续发展原则，依据"经济—环境"耦合程度，将经济发展类型调控分为跨越发展、快速发展、适度发展三个类型，着眼于水资源承载力调控、水资源保护工程投资和生态补偿等方面的调控，缓解经济发展与水资源压力之间的矛盾（表 8.2）。

表 8.2　喀斯特地区经济增长与环境协调发展调控体系建设

发展类型	选择依据	调控方向
跨越发展	磨合阶段，经济和生态环境都呈现稳定性增长，耦合度高	扩大水资源保护工程投资，落实水资源补偿政策，使生态环境保障得到增强
快速发展	颉颃阶段，经济增长进入快速发展时期，环境影响非常敏感	加强水资源的合理开发和高效利用，让资源为经济发展添加助力

发展类型	选择依据	调控方向
适度发展	低水平耦合阶段，对资源的依赖性极强，经济发展中生态环境的治理和修复压力急剧增大	落实最严格水资源管理制度，降低单位 GDP 能耗和水耗，使水环境压力指标持续性下降明显，由注重经济发展速度转为注重生态环境质量

8.2.1.4　资源保护调控模式

（1）水生态系统保护与恢复、水生态系统保护与恢复措施主要包括河岸带生态恢复、河道生态保护、水源地涵养、湿地保护与修复、森林保护等。通过在河岸带打造人工湿地、建造水源涵养林、布置生态浮床等途径，促进河岸带生态恢复。封山育林，建造大中型水库集水林区、水土保持林等。

（2）污染防治。一是加强入河排污口整治，严格限制和规范设置排污口。二是加强地下水水质保护，地下水、饮用水水源地保护，加强地下水监测。三是从工程措施、监测和管理三个方面加强饮用水水源地保护。四是降低生活和工农业污染。水资源的污染主要来自生活污水和生活垃圾，工业废水、工业垃圾和工业废气，农田径流、耕地化肥和农村固废物。应当对工农业生产、生活污水根据其不同性质采取相应的污水处理措施，加以有效防治。在城市可集中污水处理，工业严格控制废水排放，提高废水排放达标率，减少农业耕地化肥和农药使用量，鼓励使用高效、低毒、低污染、低残留的新农药和化肥，控制农业面源和点源污染。

（3）有效节水，提高用水效率和效益。工业生产有效节水的关键在于利用"中水"，发展中水处理、污水回用技术，把提高工业重复用水率作为合理利用水资源的重要措施。实行科学灌溉，减少农业用水浪费，关键在于加强农业灌溉基础设施建设，改革灌溉方式，减少渠道渗漏，提高灌溉水利用系数。降低单位产值水耗，大力发展低能耗的产业和企业。加强管网供水建设，提高城镇供水管网漏失率。

（4）优化水资源配置。水资源配置体现在严格控制工业用水，降低水耗，降低农业用水，发展节水灌溉，增加生态用水。

8.2.1.5　脆弱性保护调控模式

（1）继续推进水土保持工程。一是强化水土保持重点预防区的保护。在干支流上游和大中型水库集水林区建立保护区，限制各种人为破坏性活动。二是加大水土保持恢复力度。封山育林，退耕还林，大力营造水土保持林。三是因地制宜做好水土保持措施。25°以上陡坡地形，退耕还草，退耕还林，依靠植被保持水土。25°以下缓坡地形借助修建梯田、耕作道路和布设坡面水系等途径减少人为活动破坏。城镇水土以减少土壤侵蚀为主，恢复和提高生态系统功能。城镇规划范围内采取植树种草、综合利用和合理处置弃渣等措施，以加强植被建设和景观恢复为主。

（2）加大推进石漠化综合治理。石漠化的根本原因是岩溶山区脆弱的生态系统加之人类活动导致的水土流失和岩石大面积裸露。坚持优先恢复林草植被，重建石漠化土地森林生态系统，使其逐渐恢复。

（3）防灾减灾能力建设。贵州省自然灾害频发，如洪涝干旱、泥石流、山体滑坡、冰雹等。这些与脆弱的喀斯特地区生态系统、气候的异常变化、人类频繁活动分不开。通过强化人口控制，推进人口发展与水资源保护的协同，提高水资源安全维护的科技支撑力，提高水资源保护工程投资。切实加强水土保持、气候、水源监测力度和监测相关基础设施建设。

（4）水土资源合理规划利用。随着经济和人口的发展，各项建设用地的不断扩大，人地矛盾突出。土地生态系统的恢复是保证水资源系统健康的必要条件。优化用地结构，合理布局，需要耕地保护、湿地修复和保护、绿化造林。此外，提高水资源利用程度，使地下水资源得到有效开发和利用，挖掘开发潜力，解决水资源开发利用对经济发展的约束作用，使工农业、生活和生态用水得到合理分配，提高水资源承载能力。

8.2.2　喀斯特地区水资源安全调控方案灰色综合评判模型

8.2.2.1　灰色综合评判模型

（1）熵权法和层次分析法确定权重。

层次分析法赋予权重主要是依靠专家的知识和经验，这种方法主观依赖性较强，受个人偏好影响较大。熵权法是根据指标变异性的程度来赋予权重，这种方法客观性较强，但是受指标数据本身影响较大，有时候难以反映指标的真实重要性。因此，本书将层次分析法和熵权法相结合得到组合权重，对主、客观赋权法取长补短，以便更贴近客观实际。

首先，构建层次结构模型，构造比较矩阵，运用层次分析法计算准则层主观权重，选取"1～9"尺度进行定性的成对比较评价指标体系中各指标的比较矩阵，计算比较矩阵的最大特征根 λ_{max} 和特征向量，通过归一化处理和一致性检验后，得到该层有关因素相对于目标层的权重 ω_c。其次，运用式（3.2）至式（3.4）熵权法计算权重 ω_p。最后计算指标层各指标的组合权重 $\omega_A = \omega_c \times \omega_p$。

（2）灰色关联度法确定方案排序。

首先对指标数据进行无量纲化处理，并把各个指标除以该指标序列的平均值进行数据规范化处理。其次构建规范化处理后的最优指标集和各评判对象的指标矩阵 E，即

$$\boldsymbol{E}=\begin{bmatrix} e_1^* & e_2^* & \cdots & e_m^* \\ e_1^j & e_2^j & \cdots & e_m^j \\ \vdots & \vdots & \ddots & \vdots \\ e_1^n & e_2^n & \cdots & e_m^n \end{bmatrix} \tag{8.1}$$

式中，e_i^j 是第 j $(j=1, 2, \cdots, n)$ 个评判方案的第 i $(i=1, 2, \cdots, m)$ 个指标值。$\boldsymbol{E}^*=\begin{bmatrix} e_1^* & e_2^* & \cdots & e_m^* \end{bmatrix}$ 是最优指标集。最后确定评判矩阵，得到第 j $(j=1, 2, \cdots, n)$ 个评判方案的第 i $(i=1, 2, \cdots, m)$ 个指标的灰色关联系数，即

$$\zeta_i(i)=\frac{\min\limits_{j}\min\limits_{i}|e_i^*-e_i^j|+\rho\times\max\limits_{j}\max\limits_{i}|e_i^*-e_i^j|}{|e_i^*-e_i^j|+\rho\times\max\limits_{j}\max\limits_{i}|e_i^*-e_i^j|} \tag{8.2}$$

式中，$\min\limits_{j}\min\limits_{i}|e_i^*-e_i^j|$ 为两级最小差，$\max\limits_{j}\max\limits_{i}|e_i^*-e_i^j|$ 为两级最大差。$\rho\in[0, +\infty)$ 为分辨系数。一般来讲，分辨系数 $\rho\in[0, 1]$，由式（8.2）容易看出，ρ 越大，分辨率越大；ρ 越小，分辨率越小。各关联系数组成评判矩阵，即

$$\boldsymbol{T}=\begin{bmatrix} \zeta_1(1) & \zeta_1(2) & \cdots & \zeta_1(m) \\ \zeta_2(1) & \zeta_2(2) & \cdots & \zeta_2(m) \\ \vdots & \vdots & \ddots & \vdots \\ \zeta_n(m) & \zeta_n(m) & \cdots & \zeta_n(m) \end{bmatrix} \tag{8.3}$$

最后进行灰色综合评判，$\boldsymbol{U}=\omega_A\times\boldsymbol{T}(u_1, u_2, \cdots, u_n)$，$\boldsymbol{U}_j$ 越大，表示第 j 个组合调控方案越接近最优方案。

8.2.2.2　调控方案

本书选择 2025 年的 12 个调控方案展开评价，具体调控方案见表 8.3，调控方案指标体系见表 8.4。

表 8.3　喀斯特地区水资源安全调控方案

调控模式	结构性调控	资源性调控	区域协调发展调控	资源保护调控	脆弱性保护调控
	产业结构调整	兴建水利工程	水资源消费控制	水质保证用水普及	水土保护
上蓄方案 1	/	▲	/	/	/
上蓄方案 2	/	▲	/	▲	/
上蓄方案 3	/	▲	/	/	▲
上蓄方案 4	/	▲	/	▲	▲
中分方案 5	▲	/	/	/	/

续表

调控模式	结构性调控	资源性调控	区域协调发展调控	资源保护调控	脆弱性保护调控
	产业结构调整	兴建水利工程	水资源消费控制	水质保证用水普及	水土保护
中分方案 6	▲	/	/	▲	/
中分方案 7	▲	/	/	/	▲
中分方案 8	▲	/	/	▲	▲
下控方案 9	/	/	▲	▲	/
下控方案 10	/	/	▲	▲	/
下控方案 11	/	/	▲	/	▲
下控方案 12	/	/	▲	▲	▲

注:"▲"表示选择的对应调控措施,如下控方案 11 表示"区域协调发展"+"脆弱性保护"。

表 8.4 喀斯特地区水资源安全调控方案评价指标体系

评价目标	评价准则	评价指标
喀斯特地区水资源安全	水质安全	城市污水处理率
		工业废水排放达标率
		单位耕地化肥使用量
	水量安全	用水普及率
	工程性缺水安全	农田灌溉设施满足率
		大中型水库密度
		有效灌溉面积占耕地面积比例
	水资源脆弱性安全	水土流失面积比率
		中度以上石漠化面积比
		生态用水率
	水资源承载力安全	万元 GDP 用水量
		万元工业产值用水量
		万元农业产值用水量

8.2.2.3 调控评价指标和权重

依据前文情景模拟的参数设定和趋势外推的预测结果(附表 5),各调控指标数据见表 8.5,根据层次分析法专家赋权和熵权计算各指标的组合权重,结果见表 8.6。

表 8.5　喀斯特地区水资源安全调控方案评价指标

方案	城市污水处理率/%	工业废水排放达标率/%	单位耕地化肥使用量/(kg/hm²·a)	用水普及率/%	农田灌溉设施满足率/%	大中型水库密度/(个/万km²)	有效灌溉面积占耕地面积比例/%	水土流失面积率/%	中度以上石漠化面积比/%	生态用水率/%	万元GDP用水量/(m³/万元)	万元工业产值用水量/(m³/万元)	万元农业产值用水量/(m³/万元)
1	88.29	84.19	566.95	88.74	28.67	4.18	49.64	22.99	12.49	0.68	130.32	114.84	438.51
2	95.00	84.19	510.26	95.00	28.67	4.18	49.64	22.99	12.49	0.68	130.32	114.84	438.51
3	88.29	84.19	566.95	88.74	28.67	4.18	49.64	21.84	11.86	2.07	130.32	114.84	438.51
4	95.00	84.19	510.26	95.00	28.67	4.18	49.64	21.84	11.86	2.07	130.32	114.84	438.51
5	88.29	88.40	538.60	88.74	27.30	3.98	31.85	22.99	12.49	0.68	130.32	103.36	460.44
6	95.00	88.40	510.26	95.00	27.30	3.98	31.85	22.99	12.49	0.68	130.32	103.36	460.44
7	88.29	88.40	538.60	88.74	27.30	3.98	31.85	21.84	11.86	2.07	130.32	103.36	460.44
8	95.00	88.40	510.26	95.00	27.30	3.98	31.85	21.84	11.86	2.07	130.32	103.36	460.44
9	88.29	84.19	566.95	88.74	27.30	3.98	31.85	22.99	12.49	0.68	85.00	88.79	293.69
10	95.00	84.19	510.26	95.00	27.30	3.98	31.85	22.99	12.49	0.68	85.00	88.79	293.69
11	88.29	84.19	566.95	88.74	27.30	3.98	31.85	21.84	11.86	2.07	85.00	88.79	293.69
12	95.00	84.19	510.26	95.00	27.30	3.98	31.85	21.84	11.86	2.07	85.00	88.79	293.69

表 8.6　**喀斯特地区水资源调控评价指标组合权重**

评价准则		评价指标		
准则名称	相对权重	指标名称	相对权重	组合权重
水质安全	0.0695	城市污水处理率	0.3028	0.0211
		工业废水排放达标率	0.5477	0.0381
		单位耕地化肥使用量	0.1495	0.0104
水量安全	0.0211	用水普及率	1.0000	0.0211
工程性缺水安全	0.2961	农田灌溉设施满足率	0.3333	0.0987
		大中型水库密度	0.3333	0.0987
		有效灌溉面积占耕地面积比例	0.3333	0.0987
水资源脆弱性安全	0.4127	水土流失面积比率	0.3333	0.1376
		中度以上石漠化面积比	0.3333	0.1376
		生态用水率	0.3333	0.1376
水资源承载力安全	0.2006	万元 GDP 用水量	0.3022	0.0606
		万元工业产值用水量	0.4278	0.0858
		万元农业产值用水量	0.2700	0.0542

8.2.2.4　调控方案评价结果及分析

由计算所得各调控方案评价结果（表 8.7）可得，方案 4 "资源性调控＋资源保护＋脆弱性保护"组合调控方案为最优方案。对研究区兴建水利工程设施，提高工程性供水保障，减少水土流失和石漠化，对脆弱的生态环境加以保护和改善，减少功能性缺水，这些将是改善喀斯特地区水资源安全的有力措施。虽然方案 4 的前期投入大，效果周期长，但是却是对水资源安全利用和环境的可持续发展最为有力的调控路径，因此是研究区水资源安全调控的最优方案。方案 3 "资源性调控＋脆弱性保护"为次优方案，可见工程性供水的保障和脆弱性的保护是对喀斯特地区水资源安全调控的有力措施。

表 8.7 喀斯特地区水资源安全调控归一化评价结果

方案	城市污水处理率/%	工业废水排放达标率/%	单位耕地化肥使用量/(kg/hm²·a)	用水普及率/%	农田灌溉设施满足率/%	大中型水库密度/(个/万km²)	有效灌溉面积占耕地面积比例/%	水土流失面积比率/%	中度以上石漠化面积比/%	生态用水率/%	万元GDP用水量/(m³/万元)	万元工业产值用水量/(m³/万元)	万元农业产值用水量/(m³/万元)	灰色关联度
4	1.0000	0.9524	0.9000	1.0000	1.0000	1.0000	1.0000	0.9500	0.9496	1.0000	1.0000	1.0000	0.9524	1.0000
3	0.9294	0.9524	1.0000	0.9341	1.0000	1.0000	1.0000	0.9500	0.9496	1.0000	1.0000	1.0000	0.9524	0.9657
8	1.0000	1.0000	0.9000	1.0000	0.9522	0.9522	0.6416	0.9500	0.9496	1.0000	1.0000	0.9000	1.0000	0.8695
12	1.0000	0.9524	0.9000	1.0000	0.9522	0.9522	0.6416	0.9500	0.9496	1.0000	0.6522	0.7732	0.6378	0.8468
7	0.9294	1.0000	0.9500	0.9341	0.9522	0.9522	0.6416	0.9500	0.9496	1.0000	1.0000	0.9000	1.0000	0.8386
11	0.9294	0.9524	1.0000	0.9341	0.9522	0.9522	0.6416	0.9500	0.9496	1.0000	0.6522	0.7732	0.6378	0.8160
2	1.0000	0.9524	0.9000	1.0000	1.0000	1.0000	1.0000	1.0000	1.0000	0.3285	1.0000	1.0000	0.9524	0.8143
1	0.9294	0.9524	1.0000	0.9341	1.0000	1.0000	1.0000	1.0000	1.0000	0.3285	1.0000	1.0000	0.9524	0.7835
6	1.0000	1.0000	0.9000	1.0000	0.9522	0.9522	0.6416	1.0000	1.0000	0.3285	1.0000	0.9000	1.0000	0.6637
10	1.0000	0.9524	0.9000	1.0000	0.9522	0.9522	0.6416	1.0000	1.0000	0.3285	0.6522	0.7732	0.6378	0.6405
5	0.9294	1.0000	0.9500	0.9341	0.9522	0.9522	0.6416	1.0000	1.0000	0.3285	1.0000	0.9000	1.0000	0.6365
9	0.9294	0.9524	1.0000	0.9341	0.9522	0.9522	0.6416	1.0000	1.0000	0.3285	0.6522	0.7732	0.6378	0.6134

8.2.3 典型区域调控

贵州省不同行政单元间的水资源承载力、脆弱性和水利工程状况存在明显差异。区域性的问题错综复杂，应该因地制宜，查找弱势，分类指导。喀斯特地区水资源安全是与 5 个子系统共同联动作用下的水环境安全状况，在喀斯特地区水资源安全动态评价和情景预测分析基础上，分别对不同区域分级管理，分类调控，其典型区域调控模式如下。

（1）贵阳调控模式：贵阳是全省政治、经济、文化交流中心，也是西南地区的交通枢纽。该区域人口密度较大，经济发展水平较高，水资源承载力较低，但是人口素质相对较高，对水资源保护较为重视，水利工程现代化程度高于其他州市，具备一定的抵御自然灾害的能力。然而就贵阳来说，水资源安全受经济增长、人口变化等要素的影响，随着时间变化可能会发生根本性转变。因此，根据前文水资源安全系统的情景模拟分析，其水资源安全的调控主要方向在于突出强调产业结构改善和提高水资源承载力，体现在结构性和区域协调发展调控模式上。

有研究表明，贵阳经济发展与环境处于磨合阶段（张李楠等，2014），区域的协调将降低贵阳经济增长带来的水环境压力。贵阳应在巩固传统重点产业发展的前提下，进一步加强产业结构调整。以大数据为引领，高新技术企业、电子商务、现代服务业产业等需进一步向纵深推进。提升特色高效农作物比重、农林牧业规模化和标准化程度，促进农业全产业链发展。兼顾水生态补偿政策的落实，扩大水资源保护工程投资，使生态环境保障得到增强。这与《贵阳市"十三五"水务发展专项规划》提及的"优化和调整经济社会涉水行为"和"保护和恢复生态系统结构功能"相一致。

（2）黔西南调控模式：以黔西南为代表的黔南和黔东南区域是经济发展相对落后地区，但近些年来经济增速快，存在资源、环境、经济、社会等不同类型问题的重叠。这些地区水资源安全调控突出在资源性调控、资源保护和脆弱性保护调控相结合的模式。通过合理规划蓄水、取水工程，弥补水资源空间缺乏问题，提高供水保障能力和水资源调控能力。依靠水利工程抵御洪涝干旱等自然灾害发生的影响，大力推进各项民生水利工程建设。同时严格水资源保护，提高水功能区和饮用水水源地的水质达标率，加强水源地涵养和水生环境的保护与恢复。

（3）毕节调控模式：毕节地势落差大，交通不便，经济落后且生态极其脆弱。毕节是国家石漠化综合治理示范区，近些年在石漠化治理方面卓有成效，水资源保护工程投资较高。但是有研究表明，从社会经济发展遭遇的瓶颈看出，毕节生态环境还在逐渐恶化（苏印、官冬杰，2015），土壤侵蚀石漠化的比例仍然较高，水资源系统勉强维持较安全状态。六盘水是典型的以煤炭为主的资源型城市，有着与毕节相似的地形和地理条件，近些年地区生产总值及 GDP 增速与毕节不相上下。六盘水不合理的地下水开发模式，导致地面塌陷、房屋倒塌，造成严重经济损失，过度的生产劳作促发水土流失，环境敏感有恶化趋势。这些特征使得这两个地区对极端气候变化更为敏感，同等降水条件下，加剧了发生洪涝和干旱的频率。因此，毕节与六盘水的水资源安全调控以脆弱性保护和资源调控为主。特别是六盘水，需要加大对水资源保护工程的投资比例。

（4）遵义调控模式：遵义耕地面积最大，水资源承载力较高，有一定的水资源开发利用潜力，然而近些年的发展中水利设施建设滞后，抵御自然灾害冲击能力不够，对人类活动影响的抵抗不足，造成多年发展调控水资源安全状态变化不大。在水资源安全调控中应以资源性调控为主，兼顾结构性调控和资源保护调控。以农业为主的铜仁和以旅游业为主的安顺基本上属于这一类型。

通过各类水利工程驱动，调控水资源的时间和空间分布，满足工农业生产的需求，解除工程性缺水的束缚，减轻洪涝灾害影响。遵义是全省耕地面积最大的州市，铜仁也以农业为主，近年来区域灌溉亩均用水量在缓慢增加，但农田灌溉水有效利用系数低，农业物资装备水平弱，农业现代化处于起步阶段。通过农业技术科学化，加强农业综合产出能力，推进农业结构调整，可有效解决资源短缺问题，逐步削弱水资源对经济发展的束缚。此外，两个区域都存在不同程度的非点源污染和地下水污染问题。农业生产中普遍使用的化肥和农药、家畜粪便经暴雨径流造成很多地方水质下降，并呈现日益恶化趋势。要合理控制化肥和农药使用量，畜禽粪污无害化处理，加强农作物秸秆循环利用。

8.3 调控措施和策略

8.3.1 提高水利保障能力，破解工程性缺水困局

加强病险水库治理，改善水利基础设施。因地制宜，以水资源合理配置和高效利用工程为重点。25°以下坡地，是以梯田建设为代表的耕地主体区域，以雨水集蓄工程、饮水工程、小型灌溉工程、水土保持工程为代表，以解决农村饮水安全、灌溉和水土保持的需求。山间平坝地带，以蓄水工程为主，蓄、引、提相结合，主要解决城镇生产生活用水、产粮区水资源供需矛盾。丘陵区配套建设中小型农田水利工程和蓄、引、提水利工程，保障城镇生活、生产供水及解决农田有效灌溉问题。依靠水利工程解决水资源时空分布不均，缓解降雨的异质性和空间差异性矛盾，达到防洪抗旱减灾、水资源保护、合理配置和高效利用的目的。

8.3.2　开发供水新路子，加强非常规水源利用

喀斯特地区是水资源较为丰富的地区之一。多年来水资源利用率在 10% 左右，地下水资源丰富且水质良好，然而由于开采困难，供水比例一直偏低，大量优质的地下水未得到有效开发和利用，潜力巨大。应在黔南、黔西南及乌江、北盘江上游的岩溶地区积极查明地下水源，对地下水开发的可行性和合理性做出调研和规划，勘察出具有开发潜力的地下水富集地段，解决区域供需矛盾和缺水现状。

加强再生水利用、污水回用、雨水利用、矿井水再用等非常规水源利用，并将其纳入水资源统一配置中。积极建设矿井水利用工程；新建城区或城市综合体开展工程项目配套再生水利用设施。加快建设城市污水处理厂、再生水厂和污水管网基础设施建设，制定再生水价格和鼓励中水回用政策，提高污水回用效率。充分利用雨水资源，做好雨水拦蓄；非常规水资源的利用是缓解水短缺，减少水污染的有效途径。

8.3.3　稳定水资源数量和质量

水资源短缺和水质退化已成为喀斯特地区面临的严重问题。水资源安全要实现水资源的数量与质量相结合，确保一致稳定的配置。一方面，确保水资源量的安全，包括水资源总量和可利用量的安全，确保水生态保护和修复，重点水源地保护，修建水涵养林。另一方面，加强水质安全。在城市可集中污水处理，工业严格控制废水排放，提高废水排放达标率，改善落后的污水处理厂的陈旧设施，增强污水处理能力；把农业面源和点源污染纳入污染防治总体规划，逐步减少农田化肥和农药用量，降低污灌造成的水体污染；加强入河排污口整治，严格限制和规范设置排污口；加强地下水水质和饮用水水源地保护，加强地下水监测。

8.3.4　改变传统的用水方式，提高节水水平

贵州省节水潜力尚有很大空间。工业中，以节能、降耗、增效、减污为切入点，大力发展循环经济、清洁生产，进一步提高工业用水重复利用率。政府应该引导改变粗放型生产方式，发展循环经济，减少传统资源消耗大的产业建设，中水回用是实现节水的关键；农业中，提高节水灌溉技术，减少农业灌溉渠道渗漏，加大农业节水投资，减少农业灌溉用水浪费现象；生活中，合理配置生活用水和生态用水，同时解决排水管网漏损严重问题，在一些缺水地区应实施节水工程。

8.3.5 发展绿色产业，确保经济建设与生态保护协调发展

贵州经济处于一个快速发展的时期。工业总量、投资、质量效益、外向度大幅上升，工业发展的能耗也在逐渐降低，但贵州仍以煤为主要能源，这在消耗资源的同时也产生了相应的污染。在今后的发展中，调整贵州产业结构，选择合适的主导工业并明确工业发展方向，有利于实现水资源的最优配置与最小消耗。将传统的高耗能、粗放型增长产业转变为循环经济增长产业，发展绿色产业，使产业生态化。

生态是贵州独特的资源，也是后发优势。充分利用好生态资源，把生态产业化，实现"从绿掘金"。政府应该加大投入力度和导向引领，协调经济发展和生态保护，经济既要保持快速平稳发展，又不以牺牲环境为代价，反而应该有维护生态安全，改善生态环境的作用，实现经济发展与生态保护双赢。

8.3.6 用水需求与水资源时空分布的协调调控

一是依靠水利工程调控水资源空间分布，使之与经济发展布局需求分布相协调。在水资源量少，而需水较大的农业区和经济较好的城镇区域，兴建调节水库、干流提水工程、骨干水利工程，切实缓解水资源供需矛盾。二是依靠水库调节水资源时间分布不均问题，使之与农作物需水量的季节变化相协调。每逢干旱用水矛盾突出，基流不能满足农田和城镇供水需求时，依靠蓄水工程调节增加供水量。加强应对极端天气变化的能力建设，依靠水利工程驱动，提高农林业等领域和生态脆弱区适应气候变化的水平。

8.3.7 根据喀斯特地貌特点，优化土地利用结构

在喀斯特地区土地利用与石漠化综合治理优化的基础上，合理优化土地利用结构。喀斯特裸露地区由于水土缺乏，极易受旱涝灾害影响，因此该地区土地利用应遵循土壤节水原理和生态修复，强调生态效益和经济效益，合理配置土地资源，实现良性循环；在覆盖型岩溶地区，最重要的任务是采取措施，防止出现新生石漠化，水枯竭和岩溶塌陷；埋藏型岩溶区主要应防止砂页岩盖层塌陷，防止油气及地热水勘探开发可能给深层岩溶水和地表造成的污染。根据不同岩溶类型，结合当地实际情况，优化土地利用结构。

参考文献

[1] Bakker K, Morinville C. The governance dimensions of water security: a review [J]. Philosophical Transactions, 2013, 371 (2002): 20130116.

[2] Baldi P, Sadowski P, Whiteson D. Searching for exotic particles in high-energy physics with deep learning [J]. Nature Communications, 2014, 5 (5): 4308.

[3] Barbier E B. Water and Economic Growth [J]. Economic Record, 2004, 80 (248): 1−16.

[4] Beck M B, Walker R V. On water security, sustainability, and the water-food-energy-climate nexus [J]. Frontiers of Environmental Science & Engineering in China, 2013, 7 (5): 626−639.

[5] Bhatt D, Mall R K. Surface water resources, climate change and simulation modeling [J]. Aquatic Procedia, 2015, 4: 730−738.

[6] Brown C, Lall U. Water and economic development: the role of variability and a framework for resilience [J]. Natural Resources Forum, 2006, 30 (4): 306−317.

[7] Chebud Y, Naja G M, Rivero R G, et al. Water quality monitoring using remote sensing and an artificial neural network [J]. Water Air & Soil Pollution, 2012, 223 (8): 4875−4887.

[8] Chen C L, Ata M, Tai L C, et al. Deep learning in label-free cell classification [J]. Scientific Reports, 2016, 6: 21471.

[9] Chen H S, Nie Y P, Wang K L. Spatio-temporal heterogeneity of water and plant adaptation mechanisms in karst regions: a review [J]. Acta Ecologica Sinica, 2013, 33 (2): 317−326.

[10] Chu H, Wei J, Wang R, et al. Characterizing the interaction of ground water and surface water in the karst aquifer of Fangshan, Beijing (China) [J]. Hydrogeology Journal, 2016, 25 (2): 1−14.

[11] David Grey, Claudia W. Sadoff. Sink or swim water security for growth and development [J]. Water Policy, 2007, 9 (6): 545−571.

[12] Delev K. (2017) Climatechange and water as a resource will cause serious security implications around the globe [C]. Nikolov O, Veeravalli S. (eds) Implications of climate change and disasters on military activities.

NATO science for peace and security series C: environmental security. Dordrecht: Springer, 2017: 137—142.

[13] Delpla I, Jung A V, Baures E, et al. Impacts of climate change on surface water quality in relation to drinking water production [J]. Environment International, 2009, 35 (8): 1225—1233.

[14] Dimkić D, Dimkić M, Soro A, et al. Overexploitation of karst spring as a measure against water scarcity [J]. Environmental Science & Pollution Research, 2017, 24 (25): 1—11.

[15] Falkenmark M, Lundqvist J. Towards water security: political determination and human adaptation crucial [J]. Natural Resources Forum, 1998, 21 (1): 37—51.

[16] Falkenmark M, Widstrand C. Population and water resources: a delicate balance [J]. Population Bulletin, 1992, 47 (3): 1—36.

[17] Fang H, Tao T. An improved coupling model of grey-system and multivariate linear regression for water consumption forecasting [J]. Polish Journal of Environmental Studies, 2014, 23 (4): 1165—1174.

[18] Gagliardi F, Alvisi S, Kapelan Z, et al. A probabilistic short-term water demand forecasting model based on the Markov chain [J]. Water, 2017, 9 (7): 507.

[19] Gleeson T Y, Wada M F Bierkens, L P van Beek. Water balance of global aquifers revealed by groundwater footprint [J]. Nature, 2012, 488 (7410), 197—200.

[20] Hartmann A, Goldscheider N, Wagener T, et al. Karst water resources in a changing world: review of hydrological modeling approaches [J]. Reviews of Geophysics, 2014, 52 (3): 218—242.

[21] Lankford B. Water security—principles, perspectives and practices [M]. London: Routledge, 2013.

[22] Li Y B, Hou J J, Xie D T. The recent development of research on karst ecology in southwest China [J]. Scientia Geographica Sinica, 2002, 22 (3): 365—370.

[23] Malin Falkenmark. Adapting to climate change: towards societal water security in dry-climate countries [J]. International Journal of Water Resources Development, 2013, 29 (2): 123—136.

[24] Mall R, Gupta A, Singh R, et al. Water resources and climate change: an Indian perspective [J]. Current Science, 2006, 90 (12): 1610—1626.

[25] Martin J B, Kurz M J, Khadka M B. Climate control of decadal-scale increases in apparent ages of eogenetic karst spring water [J]. Journal of Hydrology, 2016, 540: 988—1001.

[26] Mazzocchi Chiara, Corsi Stefano, Sali Guido. Agricultural land consumption in periurban areas: a methodological approach for risk assessment using artificial neural networks and spatial correlation in northern Italy [J]. Applied Spatial Analysis and Policy, 2015 (9): 1—18.

[27] Mcgill B M, Altchenko Y, Hamilton S K, et al. Complex interactions between climate change, sanitation, and groundwater quality: a case study from Ramotswa, Botswana [J]. Hydrogeology Journal, 2019, 27: 997—1015.

[28] Molden D. Water security for food security: findings of the comprehensive assessment for sub-saharan Africa [C]. International Water Management Institute, 2008.

[29] Najah A, El-Shafie A, Karim O A, et al. Application of artificial neural networks for water quality prediction [J]. Neural Computing & Applications, 2013 (5): 187—201.

[30] Partnership G W. Towards water security: a framework for action [J]. Seguridad Hidrica, 2000, 37 (1—3): 111—122.

[31] Peng Y. Study on the assessment of water resources carrying capacity in strategic environmental assessment [J]. Computer Science for Environmental Engineering and EcoInformatics, 2011, 158 (1): 269—274.

[32] Peterson D H. Stakeholder participation in the Florida keys carrying capacity study [C]. World Water and Environmental Resources Congress, 2001: 1—8.

[33] Ramesh S V Teegavarapu. Modeling climate change uncertainties in water resources management models [J]. Environmental Modelling & Software, 2010, 25 (10): 1261—1265.

[34] Raskin P, Gleick P, Kirshen P, et al. Comprehensive assessment of the freshwater resources of the world. Water futures: assessment of long-range patterns and problems [J]. Stockholm Sweden Stockholm Environment Institute, 1997, (52): 8—10.

[35] Rijsberman M A, Ven Fhmvd. Different approaches to assessment of design and management of sustainable urban water systems [J]. Environmental Impact Assessment Review, 2000, 20 (3): 333—345.

[36] Roberts R, Mitchell N, Douglas J. Water and Australia's future economic growth [J]. Economic Roundup, 2006 (Summer 2006): 53—69.

[37] S G Witter, S Whiteford. Water security: the issues and policy challenges [J]. International Review of Comparative Public Policy, 1999, 11 (1): 1—25.

[38] Shen C. A trans-disciplinary review of deep learning research for water resources scientists [EB/OL]. https://arxiv.org/abs/1712.02162, 2017—12—26.

[39] Singh K P, Basant A, Malik A, et al. Artificial neural network modeling of the river water quality: a case study [J]. Ecological Modelling, 2009, 220 (6): 888—895.

[40] Sisto N P, Ramírez A I, Aguilar-Barajas I, et al. Climate threats, water supply vulnerability and the risk of a water crisis in the Monterrey Metropolitan Area (Northeastern Mexico) [J]. Physics & Chemistry of the Earth, 2016, 91: 2—9.

[41] Solanki A, Agrawal H, Khare K. Predictive analysis of water quality parameters using deep learning [J]. International Journal of Computer Applications, 2015, 125 (9): 29—34.

[42] Strzepek K, Jacobsen M, Boehlert B, et al. Toward evaluating the effect of climate change on investments in the water resources sector: insights from the forecast and analysis of hydrological indicators in developing countries [J]. Environmental Research Letters, 2013, 8 (4): 575—591.

[43] Sullivan C. Calculating a water poverty index [J]. World Development, 2002, 30 (7): 1195—1210.

[44] Takamatsu M, Kawasaki A, Rogers P P, et al. Development of a land-use forecast tool for future water resources assessment: case study for the Mekong River 3S Sub-basins [J]. Sustainability Science, 2014, 9 (2): 157—172.

[45] Taylor R G. Ground water and climate change [J]. Nat. Clim. Change, 2012, 3 (4), 322—329.

[46] United Nations environment program. Water security and ecosystem services: the critical connection [Z]. unep, Nairobi, 2009.

[47] United Nations water. What is water security [EB/OL]. http://www.unwater.org/publications/water-security-infographic/, 2013—05—08.

[48] Wang B, Liu L, Huang G H. Forecast-based analysis for regional water

supply and demand relationship by hybrid Markov chain models: a case study of Urumqi, China [J]. Journal of Hydroinformatics, 2016, 18 (5): 905-918.

[49] Wang S J, Liu Q M, Zhang D F. Karst rocky desertification in southwestern China: geomorphology, landuse, impact and rehabilitation [J]. Land Degradation & Development, 2004, 15 (2): 115-121.

[50] Wolf A T, Aaron T, Giordano, et al. Atlas of international freshwater agreements [M]. Nairobi: Unep, 2002: 156-161.

[51] Xi X, Poh K L. Using system dynamics for sustainable water resources management in Singapore [J]. Procedia Computer Science, 2013, 16 (4): 157-166.

[52] Xiao-Feng Y E, Wang Z L. Principal component analysis in the evaluation of water resources [J]. Journal of Henan University, 2007, 37 (3): 276-279.

[53] Yang Fang, Wang Meng, Ye Min. Study on the evaluation model of water environment quality based on artificial neural network [C]. Arabia, United Arab Emirates, Dubai: 2012 International Conference on Electrical and Computer Engineering (ICECE2012), 2012.

[54] Yang X H, He J, Di C L, et al. Vulnerability of assessing water resources by the improved set analysis [J]. Thermal Science, 2014, 18 (5): 1531-1535.

[55] Zelin Liu, Changhui Peng, Wenhua Xiang, et al. Application of artificial neural networks in global climate change and ecological research: an overview [J]. Chinese Science Bulletin, December 2010, 55 (34): 3853-3863.

[56] Zou Q, Ni L, Zhang T, et al. Deep learning based feature selection for remote sensing scene classification [J]. IEEE Geoscience & Remote Sensing Letters, 2015, 12 (11): 2321-2325.

[57] 畅建霞, 黄强. 基于耗散结构理论和灰色关联熵的水资源系统演化方向判别模型研究 [J]. 水利学报, 2002, 33 (11): 107-112.

[58] 畅明琦, 刘俊萍, 马惟. 基于支持向量机的水资源安全评价 [J]. 自然灾害学报, 2011, 20 (6): 167-171.

[59] 畅明琦, 刘俊萍. 水资源安全基本概念与研究进展 [J]. 中国安全科学学报, 2008, 18 (8): 12-19.

[60] 陈守煜. 基于可变模糊集的对立统一定理及在水资源水安全系统评价中的

应用 [C]. 中国水论坛，2010：1.

[61] 池再香，李贵琼，白慧，等. 干季贵州省东西部区域干湿状况差异分析 [J]. 中国农业气象，2016，37（3）：361−367.

[62] 崔东文，郭荣. 基于 GRNN 模型的区域水资源可持续利用评价——以云南文山州为例 [J]. 人民长江，2012，43（5）：26−31.

[63] 崔东文，吴盛华，金波. SSO−BP 模型在水资源可再生能力评价中的应用 [J]. 人民长江，2015，46（21）：33−38.

[64] 崔东文. 基于相空间重构原理的遗传神经网络模型在城市需水预测中的应用 [J]. 水利水电科技进展，2014，34（1）：85−89.

[65] 代稳，谌洪星，仝双梅. 水资源安全评价指标体系研究 [J]. 节水灌溉，2012（3）：40−43.

[66] 范大路. 基于水资源短缺的 21 世纪中国粮食安全战略 [J]. 西南大学学报（自然科学版），2000，22（3）：273−277.

[67] 方国华，郭天翔，黄显峰. 区域水资源承载能力模糊综合评价研究 [J]. 海河水利，2010（4）：1−4.

[68] 高学平，陈玲玲，刘殷竹，等. 基于 PCA−RBF 神经网络模型的城市用水量预测 [J]. 水利水电技术，2017，48（7）：1−6.

[69] 高雅玉，田晋华，李志鹏. 改进的风险决策及 NSGA−Ⅱ方法在马莲河流域水资源综合管理中的应用 [J]. 水资源与水工程学报，2015（6）：109−116.

[70] 高媛媛，王红瑞，许新宜，等. 水资源安全评价模型构建与应用——以福建省泉州市为例 [J]. 自然资源学报，2012，27（2）：204−214.

[71] 韩美，杜焕，张翠，等. 黄河三角洲水资源可持续利用评价与预测 [J]. 中国人口·资源与环境，2015，25（7）：154−160.

[72] 韩宇平，阮本清. 区域水安全评价指标体系初步研究 [J]. 环境科学学报，2003，23（2）：267−272.

[73] 贺向辉，梁虹，戴洪刚，等. 喀斯特地区枯水资源时空演变的探讨——以贵阳地区为例 [J]. 贵州师范大学学报（自然科学版），2007，25（3）：29−34.

[74] 洪阳，栾胜基. 跨世纪的水资源管理 [J]. 世界环境，1999（1）：26−27.

[75] 侯文娟，高江波，彭韬，等. 结构—功能—生境框架下的西南喀斯特生态系统脆弱性研究进展 [J]. 地理科学进展，2016，35（3）：58−68.

[76] 胡昌军. 双隐层 BP 神经网络模型在区域水安全评价中的应用 [J]. 水资源与水工程学报，2013，24（3）：196−200.

[77] 黄贤凤，王建华. 区域经济—资源—环境协调发展的系统动力学研究——

以江苏省为例［C］. 中国可持续发展论坛——中国可持续发展研究会 2006 学术年会青年学者论坛专辑，2006：144－148.

［78］贾绍凤，张军岩，张士锋. 区域水资源压力指数与水资源安全评价指标体系［J］. 地理科学进展，2002，21（6）：538－545.

［79］贾绍凤，张士锋. 海河流域水资源安全评价［J］. 地理科学进展，2003，22（4）：379－387.

［80］姜文来. 21 世纪中国水资源安全战略研究［J］. 中国水利，2000（8）：41－44.

［81］康有，陈元芳，顾圣华，等. 基于随机森林的区域水资源可持续利用评价［J］. 水电能源科学，2014，32（3）：34－38.

［82］李崇智. 陕西水资源危机与对策［J］. 陕西水力发电，1988（4）：21－23.

［83］李凤英，王让会，黄俊芳，等. 中国西部地区水安全的多指标物元综合评价［J］. 干旱区研究，2006，23（2）：269－274.

［84］李海辰，王志强，廖卫红，等. 中国水资源承载能力监测预警机制设计［J］. 中国人口·资源与环境，2016（s1）：316－319.

［85］李汇文，王世杰，白晓永，等. 气候变化及生态恢复对喀斯特槽谷碳酸盐岩风化碳汇的影响评估［J］. 生态学报，2019，39（16）：6158－6172.

［86］李继清，张玉山，李安强，等. 水资源系统安全研究现状及发展趋势［J］. 中国水利，2007（5）：11－13.

［87］李兴东，武耀华. 基于 ARIMA 的民勤绿洲水资源承载值时间序列预测［J］. 兰州交通大学学报，2012，31（3）：177－181.

［88］李志，刘文兆，张勋昌，等. 气候变化对黄土高原黑河流域水资源影响的评估与调控［J］. 中国科学：地球科学，2010，40（3）：352－362.

［89］郦建强，王建生，颜勇. 我国水资源安全现状与主要存在问题分析［J］. 中国水利，2011（23）：42－51.

［90］凌红波，徐海量，乔木，等. 基于 AHP 和模糊综合评判的玛纳斯河流域水资源安全评价［J］. 中国沙漠，2010，30（4）：989－994.

［91］刘斌，封丽华. 地下水资源系统经济管理模型研究［J］. 新疆地质，2004，22（3）：256－261.

［92］刘江，肖晖，李欣，等. 山东省水资源衰减与水环境破坏状况分析［J］. 水资源保护，2003，19（5）：47－49.

［93］刘丽颖，杨清伟，曾一笑，等. 喀斯特地区水资源安全评价模型构建及其应用——以贵州省为例［J］. 中国岩溶，2018，37（2）：203－210.

［94］刘乃奋. 水危机及其对策——国外节水回用述评［J］. 环境科学与管理，1984（1）：11－18.

[95] 刘倩倩，陈岩. 基于粗糙集和 BP 神经网络的流域水资源脆弱性预测研究——以淮河流域为例 [J]. 长江流域资源与环境，2016，25 (9)：1317－1327.

[96] 刘小妹，康彤. 水资源承载力模型研究 [J]. 中国传媒大学学报（自然科学版），2017，24 (5)：45－49.

[97] 刘亚灵，周申蓓. 水资源账户的建立与应用研究 [J]. 人民长江，2017，48 (5)：43－47.

[98] 刘洋，李崇光. 中国未来水资源安全的思考 [J]. 生态经济，2000 (4)：1－4.

[99] 刘志国，付建飞，王恩德，等. 河北省水资源演化分析及预测 [J]. 安全与环境学报，2007，7 (4)：72－76.

[100] 栾胜基，洪阳. 中国二十一世纪的水安全问题 [J]. 中国环境管理，1998 (4)：4－7.

[101] 罗宇，姚帮松. 基于 SD 模型的长沙市水资源承载力研究 [J]. 中国农村水利水电，2015 (1)：42－46.

[102] 钱龙霞，张韧，王红瑞，等. 基于 Logistic 回归和 DEA 的水资源供需月风险评价模型及其应用 [J]. 自然资源学报，2016，31 (1)：177－186.

[103] 钱正英. 山西水资源问题需要提上国家计划的议事日程 [J]. 中国水利，1987 (5)：2－9.

[104] 秦剑. 水环境危机下北京市水资源供需平衡系统动力学仿真研究 [J]. 系统工程理论与实践，2015，35 (3)：671－676.

[105] 邵骏，欧应钧，陈金凤，等. 基于水贫乏指数的长江流域水资源安全评价 [J]. 长江流域资源与环境，2016，25 (6)：889－894.

[106] 史峰，王小川，郁磊，等. MATLAB 神经网络 30 个案例分析 [M]. 北京：北京航空航天大学出版社，2013：183.

[107] 舒瑞琴，何太蓉，班荣舶. 重庆市沙坪坝区水资源安全模糊综合评价 [J]. 水电能源科学，2013，31 (8)：31－33.

[108] 宋晨烨，张韧，周爱霞，等. 黄河流域水资源安全风险评价 [C]. Symposium of Risk Analysis and Risk Management in Western China，2013：88－93.

[109] 宋培争，汪嘉杨，刘伟，等. 基于 PSO 优化逻辑斯蒂曲线的水资源安全评价模型 [J]. 自然资源学报，2016，31 (5)：886－893.

[110] 宋松柏，蔡焕杰. 区域水资源可持续利用的综合评价方法 [J]. 水科学进展，2005，16 (2)：244－249.

[111] 宋永永，米文宝，杨丽娜. 基于水足迹理论的宁夏水资源安全评价 [J].

中国农村水利水电，2015（5）：58－62.

[112] 苏印，官冬杰. 基于 SPA 的喀斯特地区水安全评价——以贵州省为例 [J]. 中国岩溶，2015，34（6）：560－569.

[113] 孙才志，迟克续. 大连市水资源安全评价模型的构建及其应用 [J]. 安全与环境学报，2008，8（1）：115－118.

[114] 孙志军，薛磊，许阳明，等. 深度学习研究综述 [J]. 计算机应用研究，2012，29（8）：2806－2808.

[115] 汤进华，刘成武，吴永兴. 基于 NRCA 的湖北省水资源利用评价研究 [J]. 长江流域资源与环境，2011，20（8）：928－932.

[116] 唐元冬，王倩. 贵阳市经济发展与环境压力实证分析——基于 IPAT 与 DGM（1，1）模型 [J]. 中国集体经济，2014（9）：16－17.

[117] 万坤扬，胡其昌. 基于层次分析法的杭州市水资源安全现状评价及趋势 [J]. 水电能源科学，2013，31（1）：21－25.

[118] 汪恕诚. 资源水利的理论内涵和实践基础 [J]. 水利水电科技进展，2000，20（2）：7－9.

[119] 王国庆，张建云，刘九夫，等. 气候变化和人类活动对河川径流影响的定量分析 [J]. 中国水利，2008，（2）：55－58.

[120] 王浩，王建华，秦大庸，等. 基于二元水循环模式的水资源评价理论方法 [J]. 水利学报，2006，37（12）：1496.

[121] 王建华，姜大川，肖伟华，等. 基于动态试算反馈的水资源承载力评价方法研究——以沂河流域（临沂段）为例 [J]. 水利学报，2016，47（6）：724－732.

[122] 王琳，张超. 基于"驱动力—压力—状态—影响—响应"模型的潍坊区域水资源可持续利用评价 [J]. 中国海洋大学学报（自然科学版），2013，43（12）：75－80.

[123] 王茂运，谢朝勇. 变化环境下的水资源安全问题探讨 [J]. 中国水运月刊，2013，12（4）：210－211.

[124] 王世杰，李阳兵. 喀斯特石漠化研究存在的问题与发展趋势 [J]. 地球科学进展，2007，22（6）：573－582.

[125] 王硕，朱华平，柴志妮，等. 国际饮用水安全评价 [J]. 食品研究与开发，2009，30（11）：182－185.

[126] 王晓光. 基于国家经济安全的中国水资源战略研究 [C]. 全国水问题研究学术研讨会，2005：166－170.

[127] 王银平. 天津市水资源系统动力学模型的研究 [D]. 天津：天津大学，2007.

[128] 王智勇，王劲峰，于静洁，等. 河北省平原地区水资源利用的边际效益分析 [J]. 地理学报，2000，55（3）：318—328.

[129] 卫仁娟，梁川，任财，等. 松华坝水资源安全评价的可变模糊识别方法 [J]. 南水北调与水利科技，2013，11（2）：1—5.

[130] 位帅，陈志和，梁剑喜，等. 基于 SD 模型的中山市水资源系统特征及其演变规律分析 [J]. 资源科学，2014，36（6）：1158—1167.

[131] 吴芳，张新锋，崔雪锋. 中国水资源利用特征及未来趋势分析 [J]. 长江科学院院报，2017，34（1）：30—39.

[132] 吴季松. 海牙国际水资源会议与国际水资源政策动向 [J]. 世界环境，2000（3）：37—38.

[133] 吴开亚，金菊良，魏一鸣，等. 基于指标体系的流域水安全诊断评价模型 [J]. 中山大学学报（自然科学版），2008，47（4）：105—113.

[134] 吴开亚，金菊良，周玉良，等. 流域水资源安全评价的集对分析与可变模糊集耦合模型 [J]. 四川大学学报（工程科学版），2008，40（3）：6—12.

[135] 夏军，陈俊旭，翁建武，等. 气候变化背景下水资源脆弱性研究与展望 [J]. 气候变化研究进展，2012，8（6）：391—396.

[136] 夏军，刘春蓁，任国玉. 气候变化对我国水资源影响研究面临的机遇与挑战 [J]. 地球科学进展，2011，26（1）：1—12.

[137] 夏军，雒新萍，曹建廷，等. 气候变化对中国东部季风区水资源脆弱性的影响评价 [J]. 气候变化研究进展，2015，11（1）：8—14.

[138] 夏军，石卫. 变化环境下中国水安全问题研究与展望 [J]. 水利学报，2016，47（3）：292—301.

[139] 夏军. 华北地区水循环与水资源安全：问题与挑战 [J]. 地理科学进展，2002，21（6）：517—526.

[140] 肖羽堂，张晶晶，吴鸣，等. 我国水资源污染与饮用水安全性研究 [J]. 长江流域资源与环境，2001，10（1）：51—59.

[141] 熊正为. 水资源污染与水安全问题探讨 [J]. 中国安全科学学报，2001，10（1）：39—43.

[142] 徐建新，陈学凯，黄鑫，等. 贵州省近 50 年降水量时空分布及变化特征 [J]. 水电能源科学，2015（2）：10—14.

[143] 严小冬，金建德，雷云. 近 50 年贵州降水时空分布分析 [J]. 贵州气象，2004，28（C00）：3—7.

[144] 杨江州，许幼霞，周旭，等. 贵州喀斯特高原水资源压力时空变化分析 [J]. 人民珠江，2017，38（7）：27—31.

[145] 杨梅，卿晓霞，王波. 基于改进遗传算法的神经网络优化方法 [J]. 计算

机仿真，2009，26（5）：198－201.

[146] 余凯，贾磊，陈雨强，等. 深度学习的昨天、今天和明天 [J]. 计算机研究与发展，2013，50（9）：1799－1804.

[147] 袁曾任. 人工神经元网络及其应用 [M]. 北京：清华大学出版社，1999：1－12.

[148] 张凤太，王腊春，苏维词，等. 基于熵权集对耦合模型的表层岩溶带"二元"水资源安全评价 [J]. 水力发电学报，2012，31（6）：70－76.

[149] 张凤太，王腊春，苏维词. 基于 DPSIRM 概念框架模型的岩溶区水资源安全评价 [J]. 中国环境科学，2015，35（11）：3511－3520.

[150] 张建云，王国庆，李岩. 气候变化对我国水安全的影响及适应对策 [C]. 气候变化与科技创新国际论坛，2008：191－198.

[151] 张利平，陈小凤，赵志鹏，等. 气候变化对水文水资源影响的研究进展 [J]. 地理科学进展，2008，27（3）：60－67.

[152] 张利平，夏军，HU Zhifang，等. 中国水资源状况与水资源安全问题分析 [J]. 长江流域资源与环境，2009，18（2）：116－120.

[153] 张萌，赵志怀，司宏宇. 基于改进的 BP 神经网络水源地水质安全预测 [J]. 水力发电，2017，43（10）：1－4.

[154] 张士锋，贾绍凤. 海河流域水量平衡与水资源安全问题研究 [J]. 自然资源学报，2003，18（6）：684－691.

[155] 张士锋，贾绍凤. 海河流域水量平衡与水资源安全问题研究 [J]. 自然资源学报，2003，18（6）：684－691.

[156] 张玉山，李继清，梅艳艳，等. 基于突变理论的天津市水资源安全阈值分析模型 [J]. 辽宁工程技术大学学报（自然科学版），2013，32（4）：562－567.

[157] 张志诚. 世界水危机与海水淡化 [J]. 未来与发展，1989（2）：47－48.

[158] 郑通汉. 论水资源安全与水资源安全预警 [C]. 全国水资源可持续利用、水利现代化 2003 年专家论坛，2003：19－22.

[159] 周璞，侯华丽，安翠娟，等. 水资源开发利用合理性评价模型构建及应用 [J]. 东北师范大学学报（自然科学版），2014，46（2）：125－131.

[160] 左太安，刀承泰，施开放，等. 基于物元分析的表层岩溶带"二元"水生态承载力评价 [J]. 环境科学学报，2014，34（5）：1316－1323.

附表 1 喀斯特地区水资源安全初级指标归一化后数据

指标	2001	2002	2003	2004	2005	2006	2007	2008	2009	2010	2011	2012	2013	2014	2015
X_1	0.0055	0.0036	0.0042	0.0155	0.0317	0.0318	0.0435	0.0468	0.0631	0.1123	0.1231	0.1260	0.1274	0.1304	0.1351
X_2	0.0682	0.0783	0.0779	0.0789	0.0442	0.0651	0.0554	0.0594	0.0496	0.0580	0.0496	0.0737	0.0791	0.0818	0.0807
X_3	0.0516	0.0529	0.0529	0.0529	0.0573	0.0518	0.0518	0.0518	0.0311	0.0260	0.0434	0.1085	0.1235	0.1235	0.1209
X_4	0.2139	0.0856	0.0963	0.1604	0.0909	0.0856	0.0802	0.0214	0.0214	0.0107	0.0267	0.0214	0.0374	0.0107	0.0374
X_5	0.1717	0.1412	0.1166	0.0896	0.0689	0.0483	0.0394	0.0237	0.0205	0.0215	0.0709	0.0583	0.0482	0.0448	0.0364
X_6	0.0517	0.0505	0.0497	0.0517	0.0601	0.0638	0.0639	0.0713	0.0725	0.0731	0.0760	0.0771	0.0790	0.0795	0.0800
X_7	0.0550	0.0439	0.0444	0.0611	0.0517	0.0540	0.0569	0.0605	0.0692	0.0772	0.0799	0.0924	0.0766	0.0863	0.0907
X_8	0.0522	0.0569	0.0585	0.0580	0.0604	0.0626	0.0641	0.0648	0.0673	0.0672	0.0734	0.0767	0.0777	0.0791	0.0810
X_9	0.0555	0.0399	0.0553	0.0555	0.0555	0.0552	0.0549	0.0557	0.0590	0.0842	0.0778	0.0911	0.0928	0.1105	0.1124
X_{10}	0.0663	0.0744	0.0621	0.0676	0.0676	0.0608	0.0694	0.0758	0.0569	0.0662	0.0491	0.0669	0.0588	0.0829	0.0752
X_{11}	0.0667	0.0720	0.0649	0.0667	0.0739	0.0667	0.0616	0.0681	0.0695	0.0652	0.0659	0.0568	0.0664	0.0617	0.0739
X_{12}	0.0703	0.0799	0.0650	0.0701	0.0701	0.0565	0.0727	0.0776	0.0611	0.0627	0.0496	0.0767	0.0595	0.0949	0.0897
X_{13}	0.0669	0.0769	0.0630	0.0682	0.0794	0.0682	0.0561	0.0726	0.0785	0.0626	0.0658	0.0431	0.0670	0.0523	0.0794
X_{14}	0.0674	0.0774	0.0635	0.0686	0.0578	0.0564	0.0731	0.0791	0.0631	0.0663	0.0434	0.0675	0.0526	0.0840	0.0799
X_{15}	0.0702	0.0807	0.0661	0.0715	0.0603	0.0588	0.0729	0.0824	0.0657	0.0435	0.0452	0.0670	0.0516	0.0843	0.0798
X_{16}	0.0658	0.0675	0.0663	0.0658	0.0766	0.0732	0.0527	0.0625	0.0901	0.0618	0.0875	0.0421	0.0744	0.0412	0.0725
X_{17}	0.0484	0.0753	0.0784	0.0856	0.0892	0.0898	0.0903	0.0840	0.0862	0.0874	0.0878	0.0885	0.0894	0.0911	0.0927
X_{18}	0.0672	0.0668	0.0639	0.0625	0.0658	0.0608	0.0659	0.0661	0.0686	0.0644	0.0552	0.0684	0.0690	0.0781	0.0773
X_{19}	0.0742	0.0553	0.0480	0.0557	0.0559	0.0653	0.0704	0.0733	0.0663	0.0751	0.0558	0.0718	0.0628	0.0858	0.0845
X_{20}	0.0466	0.0474	0.0483	0.0485	0.0486	0.0545	0.0573	0.0702	0.0746	0.0802	0.0828	0.0834	0.0833	0.0850	0.0892
X_{21}	0.0365	0.0288	0.0409	0.0376	0.0442	0.0409	0.0498	0.0708	0.0531	0.0553	0.1029	0.1117	0.1195	0.1062	0.1018

续表

指标	2001	2002	2003	2004	2005	2006	2007	2008	2009	2010	2011	2012	2013	2014	2015
X_{22}	0.0429	0.0424	0.0452	0.0493	0.0545	0.0524	0.0561	0.0615	0.0622	0.0769	0.0769	0.0884	0.0929	0.0951	0.1033
X_{23}	0.0418	0.0429	0.0451	0.0463	0.0476	0.0495	0.0524	0.0664	0.0729	0.0789	0.0837	0.0872	0.0906	0.0948	0.1000
X_{24}	0.0414	0.0331	0.0301	0.0586	0.0216	0.0204	0.0353	0.0492	0.0545	0.0962	0.1155	0.1082	0.0922	0.1070	0.1367
X_{25}	0.0750	0.0750	0.0750	0.0750	0.0750	0.0750	0.0750	0.0750	0.0750	0.0566	0.0566	0.0566	0.0527	0.0527	0.0500
X_{26}	0.0553	0.0664	0.0885	0.0382	0.0467	0.0691	0.0973	0.0527	0.0525	0.1144	0.0296	0.0622	0.0622	0.0982	0.0666
X_{27}	0.0803	0.0877	0.0591	0.0722	0.0722	0.0563	0.0796	0.0812	0.0628	0.0812	0.0325	0.0450	0.0611	0.0593	0.0695
X_{28}	0.0512	0.0512	0.0580	0.0580	0.0580	0.0663	0.0663	0.0663	0.0663	0.0673	0.0690	0.0781	0.0797	0.0814	0.0830
X_{29}	0.1034	0.1034	0.1034	0.1034	0.0593	0.0593	0.0593	0.0593	0.0593	0.0593	0.0499	0.0499	0.0499	0.0499	0.0313
X_{30}	0.0000	0.0000	0.0531	0.0531	0.0531	0.0928	0.0756	0.0650	0.0729	0.0796	0.0796	0.0796	0.0928	0.0968	0.1061
X_{31}	0.0641	0.0596	0.0631	0.0652	0.0683	0.0622	0.0671	0.0712	0.0731	0.0707	0.0559	0.0686	0.0651	0.0718	0.0740
X_{32}	0.0845	0.1321	0.0810	0.0298	0.0338	0.0500	0.0263	0.2708	0.0180	0.0773	0.0870	0.0191	0.0343	0.0420	0.0139
X_{33}	0.0515	0.0521	0.0532	0.0564	0.0576	0.0588	0.0605	0.0625	0.0644	0.0725	0.0751	0.0783	0.0811	0.0858	0.0901
X_{34}	0.0596	0.0535	0.0679	0.0632	0.0772	0.0819	0.0618	0.0592	0.0632	0.0592	0.1012	0.0626	0.0805	0.0522	0.0566
X_{35}	0.0994	0.0918	0.0947	0.0936	0.0936	0.0918	0.0703	0.0877	0.0824	0.0841	0.0150	0.0127	0.0238	0.0279	0.0312
X_{36}	0.0525	0.0468	0.0667	0.0620	0.0619	0.0808	0.0619	0.0586	0.0731	0.0700	0.1053	0.0651	0.0847	0.0535	0.0572
X_{37}	0.1084	0.1048	0.0936	0.0943	0.0943	0.0807	0.0696	0.0851	0.0764	0.0780	0.0132	0.0132	0.0231	0.0319	0.0336
X_{38}	0.0752	0.0725	0.0707	0.0699	0.0699	0.0690	0.0628	0.0641	0.0639	0.0629	0.0567	0.0669	0.0637	0.0643	0.0675
X_{39}	0.1413	0.1321	0.1221	0.1057	0.0899	0.0804	0.0650	0.0565	0.0477	0.0413	0.0315	0.0254	0.0217	0.0194	0.0202
X_{40}	0.1206	0.1268	0.1206	0.1007	0.0843	0.0663	0.0715	0.0586	0.0597	0.0555	0.0506	0.0264	0.0238	0.0183	0.0163
X_{41}	0.1288	0.1296	0.1345	0.1168	0.1151	0.0690	0.0590	0.0498	0.0479	0.0396	0.0292	0.0274	0.0229	0.0166	0.0138
X_{42}	0.0751	0.0809	0.0840	0.0842	0.0832	0.0676	0.0750	0.0700	0.0636	0.0551	0.0505	0.0566	0.0520	0.0515	0.0505

附表2　GA－BP 模型的喀斯特地区水资源安全评价结果

年份	总体安全	水质子系统	水量子系统	工程性缺水子系统	水资源脆弱性子系统	水资源承载力子系统
2001	1.5935	0.0090	1.0242	1.4566	0.6549	2.9227
2002	1.5654	0.0338	1.6523	0.9768	0.5140	3.0151
2003	1.2889	0.0150	1.5840	0.8579	0.6266	2.8262
2004	1.4308	0.0090	1.7658	0.9357	1.3323	2.9071
2005	1.5976	0.0641	2.0728	1.0982	1.3300	2.9120
2006	1.5882	0.0696	1.9546	1.1193	1.1569	2.9403
2007	1.7027	0.1330	1.5680	1.4653	1.3077	3.1292
2008	1.8760	0.2658	1.7293	1.7089	1.0179	3.1215
2009	1.7870	0.2895	2.1410	1.5360	1.7330	3.0739
2010	1.8125	0.9079	1.7287	1.5985	1.1890	3.1185
2011	1.5768	1.4167	2.0541	1.2685	1.8635	3.6796
2012	2.0831	2.6197	1.2573	1.9920	2.0532	3.7453
2013	1.6648	2.9351	1.9309	1.8956	1.8704	3.5139
2014	2.0533	2.9898	1.3795	2.5687	1.7296	3.5295
2015	2.1509	2.9842	2.0431	2.5245	2.6353	3.4909

附表3　GA－BP 模型的贵州省水资源安全空间分异评价结果

地区	平水年1	偏枯水年	平水年2	枯水年	平水年3
贵阳	0.7559	1.0459	1.7552	2.6834	3.1338
遵义	1.2655	1.9099	1.8834	1.9508	1.9958
安顺	2.3948	2.1493	2.1868	1.8808	1.9664
黔南	0.7764	0.6159	0.9772	1.2344	1.7788
黔东南	1.4326	1.1130	1.6143	1.7475	1.8154
铜仁	1.2508	1.2867	1.6788	2.0421	2.1788
毕节	1.5742	0.9232	1.4320	1.7421	2.5199
六盘水	2.2266	1.9383	2.2564	2.6172	2.8926
黔西南	0.7285	1.5899	1.8199	1.5440	1.9255

附表 4 深度学习的喀斯特地区水资源安全预测结果

年份	总体安全	水质子系统	水量子系统	工程性缺水子系统	水资源脆弱性子系统	水资源承载力子系统
2016	2.3630	3.0642	2.1792	2.5396	2.2800	3.0773
2017	2.2764	3.0172	2.1359	2.4022	2.3110	3.1026
2018	1.8215	2.9531	1.9264	2.1593	2.3843	3.0894
2019	2.1832	3.0370	2.0959	2.4470	2.3800	3.2839
2020	2.2029	3.0346	2.1267	2.4411	2.4109	3.3856
2021	2.2576	3.0182	2.1162	2.4063	2.5102	3.3509
2022	2.2958	3.0125	2.1113	2.4055	2.5038	3.3874
2023	2.2996	3.0055	2.1055	2.3840	2.5278	3.4174
2024	2.3083	2.9888	2.0918	2.3546	2.5396	3.4522
2025	2.4216	2.9688	2.0792	2.5396	2.5959	3.3557

附表 5 深度学习的喀斯特地区水资源安全指标预测结果

指标	2016	2017	2018	2019	2020	2021	2022	2023	2024	2025
C_1	86.8944	87.3399	85.9937	87.2102	87.2269	87.3321	87.3700	87.4133	87.5176	88.2938
C_2	73.1061	70.6007	69.1577	71.3296	71.2360	70.6445	70.4317	70.1884	69.6026	65.2353
C_3	5.5548	4.9053	8.3234	5.0945	5.0702	4.9167	4.8614	4.7983	4.6462	3.5152
C_4	92.0611	89.5566	88.3264	90.2852	90.1916	89.6003	89.3876	89.1443	88.5588	84.1929
C_5	585.9318	579.8920	564.8515	581.6483	581.4228	579.9975	579.4847	578.8982	577.4868	566.9548
C_6	14.1654	13.3009	9.5274	13.5521	13.5199	13.3159	13.2426	13.1587	12.9567	11.4487
C_7	1261.0399	1286.5596	976.7248	1308.2096	1305.4300	1287.8601	1281.5386	1274.3099	1256.9107	1127.0007
C_8	14.9399	13.6773	12.1673	14.0446	13.9974	13.6994	13.5922	13.4696	13.1744	10.9733
C_9	3259.4763	3261.5868	2166.9286	3319.0928	3311.7094	3265.0412	3248.2504	3229.0501	3182.8356	2837.5947
C_{10}	50.9743	49.2221	50.8304	49.7320	49.6665	49.2528	49.1039	48.9336	48.5239	45.4703
C_{11}	0.5067	0.4980	0.5180	0.4651	0.4629	0.4491	0.4441	0.4384	0.4246	0.4024
C_{12}	89.2955	89.1173	89.7324	89.1692	89.1625	89.1204	89.1052	89.0879	89.0462	88.7357
C_{13}	93.7190	90.1252	87.6472	91.1706	91.0364	90.1880	89.8827	89.5336	88.6934	82.4286
C_{14}	82.5909	79.2615	62.9863	80.2291	80.1049	79.3196	79.0371	78.7140	77.9363	72.1284
C_{15}	27.7728	27.6228	27.4943	27.6665	27.6609	27.6255	28.6127	28.5981	28.5630	27.3020
C_{16}	4.3623	4.2407	4.2738	4.2764	4.2718	4.2428	4.2324	4.2204	4.1917	3.9813
C_{17}	30.9577	31.2435	29.4510	31.1602	31.1709	31.2385	31.2628	31.2906	31.3575	31.8552
C_{18}	25.7538	25.4198	25.0801	24.9354	24.9976	24.3907	23.8322	23.6939	23.0833	22.9886

续表

指标	2016	2017	2018	2019	2020	2021	2022	2023	2024	2025
C_{19}	642.6101	577.5145	445.9419	596.4451	594.0146	578.6516	573.1240	566.8031	551.5890	438.0878
C_{20}	12.4933	14.2626	13.9622	13.7478	13.8139	14.2317	14.3820	14.5539	14.9676	12.4933
C_{21}	0.6809	0.8887	0.7521	1.1192	1.0896	0.9026	0.8352	0.7583	0.5730	0.8076
C_{22}	0.1645	0.1713	1.2088	0.1693	0.1695	0.1712	0.1718	0.1725	0.1742	0.1856
C_{23}	43.0535	44.9825	45.2845	45.2941	45.5841	45.5901	46.1102	46.1806	46.2558	46.5535
C_{24}	6.3810	7.3899	16.5448	7.0969	7.1345	7.3723	7.4578	7.5556	7.7910	9.5522
C_{25}	1.2182	0.7005	0.2430	0.8510	0.8317	0.7095	0.6655	0.6153	0.4943	0.4085
C_{26}	8.2520	8.4836	10.9956	8.4164	8.4250	8.4796	8.4992	8.5217	8.5757	8.9801
C_{27}	1.5144	2.0520	4.6491	1.8957	1.9158	2.0426	2.0882	2.1404	2.2659	3.2036
C_{28}	102.0880	111.0732	115.8875	108.4594	108.7950	110.9162	111.6794	112.5522	114.6529	130.3156
C_{29}	72.4237	85.9245	111.4112	81.9982	82.5023	85.6886	86.8351	88.1461	91.3016	114.8411
C_{30}	298.8673	375.1444	493.0958	352.9598	355.8080	373.8118	380.2895	387.6970	405.5263	438.5134
C_{31}	373.7579	387.0487	387.3492	383.1819	383.6784	386.8164	387.9455	389.2366	392.3443	415.5106